식탁문명론

두레 반은 어디로 사라졌나?

石毛直道 저
안명수 역

유한문화사

食卓文明論

チャブ台はどこへ消えた?

石毛直道

머 리 말

가정에서의 식생활 경영은 주방과 식탁을 중심으로 하여 전개된다. 요리가 만들어지는 장소인 부엌은 식품의 재료와 가공 기술이 포함되는 물질적인 측면이 전개되는 장(場)이라고 할 수 있다. 이에 대하여 식사가 이루어지는 장인 식탁의 주역은 가족들이며, 식탁에서 벌어지는 가족들의 여러 행동을 규정하는 것은 식생활의 정신적인 측면이라고 할 수 있다. 이 책에서 식탁으로부터 가족을 조명해 보려고 시도해 보았다.

본인의 소년기이었던 1950년대, 일본 대부분의 가정은 '두레 반'에 둘러앉아 식사를 하였다. 국민문화라고 해도 좋을 정도로 보급되었던 두레 반에서 이루어지던 식사가 지금에 와서 역사의 안개 속에 가려져 연장자들의 기억에만 어렴풋이 남아 있을 뿐이다. 그렇다면 근대 일본의 가족 역사에서 '두레 반' 시대는 없어진 것일까?

본인이 근무했던 국립민족학 박물관에서는 1981년도부터 10년 계획으로 특별연구「현대 일본문화에 있어서 전통과 변용(變容)」을 수행하게 되었다. 그 프로젝트의 일환으로서, 1983년에 본인을 연구 대표자로 하는「식탁문화를 조사하는 공동 연구반」이 결성되었고, 1991년까지 공동연구를 하게 되었다.

공동 연구자와 그 당시의 소속을 기록하면 다음과 같다.

문화심리학의 입장에서 가정문제를 연구해 온 井上忠司(甲南大學), 문화사학에서 식사와 다도(茶道)를 연구해 온 熊倉功夫(筑波大學), 민속학의 입장에서 생활문화를 연구해 온 芳井敬郎(花園大

學), 물질문화에서 일본식생활사를 연구해 온 植田啓司(大阪青山女子短期大學), 생활학의 입장에서 부엌과 부엌도구를 연구해 온 山口昌伴(GK道具學硏究所), 물질문화로서의 생활용구에 대한 설계·디자인을 연구해 온 車政弘(九州產業大學) 등 여러 분이 있다.

이 연구반에서는 지금 조사하지 않으면 없어져 버릴 수 있는 「각상(銘銘膳)으로부터 두레 반으로」의 이행기를 중심으로 해서 일본 가정에서 식탁풍경의 변천을 실증적으로 찾는 것을 연구과제로 하였다. 연구반이 행한 구체적인 조사는 다음 두 가지로 집약된다.

일상적인 일은 기록에 남기지 않았다. 메이지(明治) 이후 일본 가정의 식사 형식은 어떻게 변화한 것일까? 그것을 증언하는 기록의 유례는 지극히 적다. 그래서 70세 이상의 여성을 대상으로 하여 「가정의 식사에 관한 life history 조사」를 행하고, 284명으로부터 상세하게 청취하여 조사결과를 얻을 수가 있었다.

또 한 가지의 조사는 국립민족학 박물관을 필두로 하여 전국 각지의 가정이나 요리집에 수장되어 있는 메뉴나 밥상에 대한 계측과 사진을 촬영하고, 그 제작기술이나 사용법에 대하여 질문하고, 물질문화로서의 식탁 자료를 수집하였다.

조사결과를 분석하기 위하여 공동 토의를 자주 열었으며, 그 결과를 근거로 하여 공동 연구자 모두가 분담하여 집필한 보고서 「現代日本における家庭と食卓 — 銘銘膳から食卓へ」(石毛直道·井上忠司編, 「國立民族學博物館硏究報告」 별책 16호, 1991년)가 간행되었다. B5판 540페이지의 큰 책이다. 그것은 국립민족학 박물관의 간행물로 주로 문화인류학 관계의 연구기관이나 연구자에게 배포되었고, 식생활 문화의 연구자나 일반 독자들이 입수하기는 힘든 책이었다.

간행된 지 십수 년 경과하였으나 그 사이에 비슷한 연구가 거의 없으므로 최소한 이 보고서의 자료적인 가치는 색이 바래지 않고 있는 것이다. 현 시점에서도 우리들의 공동연구 성과를 다시 정리하고 첨삭하여 세상에 내놓을 가치가 있다고 생각하여 본서를 집필하게 된 것이다.

이 책은 보고서의 집필된 것을 수정한 것이 아니고 공동연구의 성과를 근거로 하여 본인 나름의 생각을 집필한 것이다. 20세기 일본에서 가족의 식탁 변천에 대하여 설명한 4, 5, 6장은 보고서에 있는 공동 연구자들의 집필부분을 참고한 부분이 많으나 이 글의 책임은 본인에게 있다.

본서의 구성은 우선 광각(廣角) 렌즈로 보듯 넓게 보고 시각을 좁히면서 초점을 좁혀가는 방법을 채용하였다. 시간적으로는 인류사에 있어서 가족의 기원을 시점으로 하여 전 산업사회의 민족지적(民族誌的) 사례를 검토하고, 산업사회가 성립된 시점에서부터 현대로, 또 나아가 식탁의 미래로 초점을 가깝게 끌어당기려고 하였다. 공간적으로는 아프리카나 뉴기니아 가족의 식사하는 모습을 서두로 하여 전통적인 동아시아 사회의 가족식사를 논하고, 일본에 초점을 맞추도록 하였다.

이와 같이 인류사의 관점에서 근・현대 일본의 식생활을 검토하려고 한다면 문명론적인 시점에 입각하여 검토하는 것이 필요하다. 그와 같은 의미에서 보면 본인이 저술한 「食事の文明論」(中公新書, 1982년)에 가깝다고 할 수 있다. 본서에서 논하는 줄거리에는 「食事の文明論」에서 스케치하려고 시도한 것이 몇 가지 포함되어 있다. 모두

읽혀지기만 한다면 다행으로 여기겠다.

공동연구가 없었다면 이 책은 만들어질 수 없었다. 연구 동지들에게 깊이 감사드리고 싶다.

본서를 간행하는 데 있어서 위대한 재계인(財界人)이었던 고 木川田一隆 씨를 기념해서 설립된 「21세기 문화학술재단」의 다대한 협력을 받았다. 이 재단으로부터 본인이 식(食)의 문화나 문명에 대해서 평소에 생각하고 있던 것의 일단을 연구의 성과로서 정리하면 좋겠다는 뜻을 전해 주어서 그 뜻에 보답하고자 본서를 집필한 것이다. 재단의 권유가 없었다면 이 책을 집필하려는 생각을 못했을 것이다. 이 기회를 주고 지원해준 「21세기 문화학술재단」에 진심으로 감사드린다.

2005년 2월

石毛直道

축 간 사

안명수 교수께서 石毛直道 박사 원저 「食卓文明論」을 우리말로 번역한 「식탁문명론」의 간행을 충심으로 축하드린다. 저자인 石毛直道 박사는 문화인류학 학자이고 食文化學의 연구를 세계적으로 개척하여 선도한 석학이며 일본 국립민족학박물관의 교수로, 관장으로 재직하면서 많은 연구업적을 세계적으로 피력한 석학이다.

「食卓文明論」은 저자가 머리말에서 밝히고 있듯이 "주방이 식품을 다루고 조리를 하는 물질적인 측면이 전개되는 현장이라면, 식탁은 가족이 주역이 되는 장이며, 식탁에서 행하는 여러 행동은 분명 정신적인 측면이다. 이러한 생각에서 식탁으로부터 가족을 고찰하려 한다"고 밝히고 있듯이 새로운 관점으로 식문화의 한 면을 인류학적인 고찰로 연구 분석한 귀한 전문서이다.

본 책의 내용은 1983에서 1991년까지 石毛直道 박사의 책임 아래 조사한 일본 식탁문화의 변용 실태조사 결과와 본인이 직접 답사하여 면접한 아프리카와 인도차이나, 동아시아 일부 지역의 조사결과를 자료로 하여 문화 인류학적인 관점으로 분석 연구한 것이다. 여러 지역에서 시대에 따라 변용된 식탁을 크기와 모양 등을 정밀하게 실측하고, 그 식탁을 둘러싸고 가족들이 행동하는 여러 면을 직접 면접 조사하여 비교 분석 연구한 것이다. 그러므로 여러 고장에서 "食의 장"을 둘러싸고 면면히 흘러 온 인류의 가족사를 물질과 정신 양면을 휘감아 심도 있으면서도 흥미롭게 전개하고 있다.

안명수 교수와 저자인 石毛直道 박사는 학문적으로 진지하게 교류하고 인간적으로 신뢰를 갖는 선후배로 20여 년의 친분이 있었는데, 이번에 안교수가 성신여자대학교에서 정년을 맞이하면서 기념으로 평소 관심이 많았던 「食卓文明論」을 우리말로 번역하여 출간한 것으로 안다. 이 역서의 출간은 식문화를 심도 있게 연구하는 동학 여러분께도 좋은 자료가 될 것이므로 참으로 다행인 것으로 생각하며 감사하는 바이다.

다시 한번 「식탁문명론」의 간행을 축하드리고 앞으로 더욱 좋은 연구업적을 피력하기를 기대합니다.

2008년 8월

중앙대학교 생활과학대학
명예교수 윤서석

차 례

제1장 공식(共食)과 가족의 기원

제2장 식사양식의 유형

제3장 동아시아의 가족과 식탁

제4장 두레 반 이전의 역사

제5장 두레 반의 시대

제6장 현대의 식탁

제7장 20세기의 식탁풍경

제8장 21세기의 식탁

제1장 공식(共食)과 가족의 기원

1970년대, 본인이 「문화로서의 식생활」을 연구하려고 생각한 즈음, 인류의 식생활의 특징이란 무엇인가에 대하여 생각해 보았다.

「문화를 가진 동물」인 인류의 행동을 다른 동물과 구별하는 여러 가지 논제가 있다. 즉 「인간은 불을 사용하는 동물이다」 「인간은 도구를 제작하는 동물이다」 「인간은 언어를 사용하는 동물이다」 등을 나타내는 문구들이 있다.

같은 양상으로 인류의 식생활 행동의 문화적 기반을 표현하기 위하여 본인이 생각한 두 가지의 논제가 있다.

「인간은 요리를 하는 동물이다」

「인간은 함께 식사를 하는 동물이다」

본인의 식생활 문화 연구는 이 두 가지 점에서 출발한다. 요리의 장(場)인 부엌과 함께 식사하는<이하 공식(共食)으로 칭함> 장(場)인 식탁으로부터 인류의 식생활을 고찰해 보려는 시도이다.

이 책은 공식(共食)을 테마로 하고 있다. 인류에 있어서 가장 일반적인 공식의 장은 가족의 식탁이다. 그러면 왜 가족이 공식의 기본단위가 되었나 하는 것을 검토해 볼 필요가 있다. 그래서 가족이라는 집단의 형성과 식생활의 관계에 대하여 생각해 보려고 한다.

1. 인간의 식(食)과 동물의 식(食)

인류의 식사(食事)를 생각해 보기 위하여 다른 동물 — 특히 영장류(靈長類) —와의 식행동을 비교하지 않으면 안 된다. 여기에서는 근년의 영장류학(靈長類學)의 성과에 의거하여 인류가 이용하는 식량자원의 특징과 인류가 먹는 방식의 특징을 소개하고, 다음에 설명하려고 하는 가족의 성립에 관한 논의를 위한 준비를 하려고 한다.

인류의 조상은 잡식성 동물이었다

진화의 계통수(系統樹)에서는 두더지 등 식충류의 동물로부터 영장류의 선조가 분지(分枝)된 것으로 생각되고 있다. 원시적 영장류인 원원류(原猿類)의 대부분은 과실이나 수지(樹脂) 등의 식물성 식량자원과 곤충이나 도마뱀 등의 동물성 식량자원 두 가지를 먹는 잡식성이었다. 그러나 진화 과정에서 영장류의 일부는 식물성 식량자원에만 의존하게 되는 편식화가 이루어졌다.

사람 상과(上科)의 영장류 중에서 긴팔 원숭이류・침팬지・포노포(피그미 침팬지, 또는 피랴라고도 한다)・사람은 잡식성이고, 오랑우탕・고릴라는 식물성 식량자원에 의존하는 편식성이다.[*1)]

침팬지와 포노포가 식물성의 식량자원 이외에 다양한 원숭이류와 영양, 멧돼지 등의 어린 동물, 족제비, 다람쥐와 같은 작은 동물이나 조류를 수렵하지만 육식을 하지 않고 개미・흰개미 등의 곤충을 식용한다는 것이 알려졌다. 인류는「육식을 하는 원숭이」인 것으로 말해지고 있으나, 현재의 영장류학(靈長類學)에 의하면 그것은 인류에게 특징적인 사실이 아니라는 것이 분명해졌다.

영장류의 진화 계통수에 있어서 인류와 침팬지, 포노포는 대단히 가까운 관계에 있다. 그래서 인류의 조상도 잡식성의 동물이었다고 생각된다.

인류가 직립 2족 보행을 시작하면서 손에 돌이나 막대기를 가지고 수렵할 수 있게 되고, 또 대뇌가 발달함에 따라서 수렵이나 동물의 해체에 사용하는 도구를 제작할 수 있게 되었다. 인류가 본격적으로 수렵하게 됨으로써 획득물의 분배를 둘러싸고 뒤에서 설명하는 「공식의 제도화」가 촉진하게 된 것이리라.

그 후 「문화를 소유하는 동물」로서 진화해 온 인류가 이용하는 식량자원의 종류는 다른 종의 동물과는 비교하지 못할 정도로 확대되었다. 「요리하는 동물」이 된 인류는 그대로는 먹을 수 없는 식량자원에 요리기술을 적용함에 따라 이용 가능한 음식물의 범위를 넓혀 가게 된 것이다.

신석기 시대에 작물의 재배와 식용(食用)·유용(乳用) 가축의 사육을 시작한 「농업혁명」에 의해 인류는 「식량자원을 생산하는 동물」로의 길을 걷게 되었다. 식량자원을 생산하게 되면서 식량자원의 양적인 공급이 확대되고, 계획적인 식생활의 영위가 가능해졌다.

동물은 각 종별로 식성에 맞는 환경에서 살아간다. 환경의 변화에 따라서 동물은 새로운 환경에 맞추어 스스로 신체를 변화시킴으로써 적응해 간다. 인류는 다양한 자원을 식품재료로 이용할 수 있는 잡식성 동물의 식성을 기반으로 하여 신체를 변화시키는 것이 아니고 도구나 기술 등의 '문화'로 대응함으로써 새로운 환경에 적응하고, 식량자원을 개발해서 지구상 대부분의 육지로 진출하게 된 것이다.

다음으로는 먹는 방법에 대하여 검토해 보려고 한다.

인류가 음식을 먹는 방법의 특징은 「요리한 음식」을 먹는 것과 「공식」하는 것에 있다. 요리의 기원에 대하여서는 나중에 설명하기로 하고, 여기에서는 공식하는 인류와 동물의 차이에 대하여 설명하려고 한다.

공식은 인류에게만 보이는 행동이 아니다. 자라서 둥지를 떠나기 전의 새끼 새에게 부모 새가 먹이를 가지고 돌아와서 먹인다. 부모 이리가 획득한 고기를 입에 물고 와서 어린 새끼가 있는 집으로 운반하여 먹인다. 사자 등의 육식 짐승이 공동 수렵한 획득물을 여러 마리의 동료들과 함께 먹는 것도 알려져 있다.

그러나 일반적으로 성장한 동물은 개체 단위로 생활할 수 있는 능력을 갖추고 있다. 한 마리 한 마리가 혼자서 먹이를 찾아 먹으며, 다른 개체의 세상에 길들여지지 않고도 살아갈 수가 있다. 단독으로 생활할 수 있는 능력을 가진 개체의 무리가 동물의 무리 중에 있다. 무리로부터 떨어져서도 생활이 가능하여 성장한 동물의 식생활은 원칙적으로 개체 단위로 완결되는 것이다.

무리를 짓는 영장류는 근본적으로 그룹 모두가 행동을 함께 하기 위하여 같은 먹이를 거의 동시에 먹지만, 일부러 먹이를 공동의 장소로 가지고 가서 공식하지는 않는다.*2)

그것은 영장류가 정주(定住)하는 둥지 없이 주로 식물성 먹이가 풍부한 장소로 이동하고, 무리 전원이 같은 내용의 먹이를 먹는 생활양식이라는 점과 영장류가 먹는 보통 먹이는 작아서, 즉 개체만으로는 소비할 수 없어 분배하지 않으면 안 되는 것 같은 대형의 식량자원에는 의존하고 있지 않다는 사실이다. 자식에게 먹이를 가지고 돌아오는 것을 별도로 하면 인류 이외의 동물은 획득한 먹이를 그 장소에서 먹어 없앤다는 것이다.

山極壽一은 영장류와 인류의 식(食)을 나누는 결정적인 차이는 인류가 ① 음식물을 그 장소에서 먹지 않고 가지고 돌아가며, ② 획득한 음식물을 정해진 결정에 따라 분배하고, ③ 식사가 사회적인 교

제 수단으로서의 기능을 가지는 것에 있다고 한다.*3)

음식물을 가지고 돌아와서 분배하여 소비하는 기본적인 단위는 가족이다. 사회적 행위로서 식사행동의 기본형은 가족의 공식 장에 반영되고, 자식들과는 가족의 식사를 통해서 음식을 매체로 하여 커뮤니케이션 하고 식생활 행동을 학습한다. 그렇게 보면 가족의 성립이란 인류의 음식에 있어서 중대한 사건이었다고 말할 수 있을 것이다.

2. 가족의 기원과 식생활

1961년에 今西錦司가 「인간 가족의 기원 — 원시적인(primatology) 입장에서」라고 하는 논문을 발표한 이후, 일본의 영장류학에서 주요한 테마의 하나로 등장하여 인류의 가족 성립의 경위를 밝히는 연구가 이루어질 수 있게 되었다. 그 학설사(學說史)의 소개는 그만두고, 여기에서는 식생활에 관한 사실을 중심으로 내 나름대로 가족의 기원에 대한 종래의 연구를 요약해 보려고 한다.*4)

가족이라는 것은 성(性)과 식생활을 둘러싸고 성립된 집단이다

성(性)은 가족의 집단 범위를 규정한다. 모든 민족에게 배우자의 개념이 존재한다. 특정의 남녀 사이에 지속적인 성관계가 사회적으로 승인되고, 그 후에 태어나는 자식들의 양육 의무를 부과하는 것이 혼인이다. 다만 일부일처제(一夫一妻制)의 혼인형태를 갖지만, 일부다처제(一夫多妻制) 또는 일처다부제(一妻多夫制)에 대한 용인은 사회에 따라 다르다.

또 모든 민족에 근친상간을 금하는 인세스트・타부(incest taboo)

가 존재한다. 성교가 금지되는 친족의 범위는 사회에 따라 다르고, 원칙으로서 부모와 자식, 부모를 같이 하는 형제 자매 간의 성교를 금지하는 것은 모든 사회에서 보편적인 사실이다. 근친상간을 범한 경우에 사회적 제재가 과해지는 것은 이미 알려진 바와 같이 인세스트・타부가 사회적으로 제도화 된 것이라 할 수 있다.

다른 영장류에서는 젊은 개체가 무리를 떠나 다른 무리에 참가함으로써 근친상간을 회피하는 경향을 보이지만, 제도화 된 타부와 같은 것은 확인되지 않는다. 영장류 중에서 근친상간을 회피하는 것이 확립된 것은 인류만의 것이다.

근친상간 타부가 있음으로써 가족의 질서가 유지되는 한편, 배우자는 가족 이외의 집단에서 구하지 않으면 안 되게 되었다. 이런 개념이 확장되면서 조상이 같은 집단 사이에서 결혼이 금지되고, 다른 집단에서 배우자를 구하는 족외(族外) 결혼이 성립한다. 성(性)은 가족의 범위를 규정할 뿐만 아니라 배우자의 교환을 통해서 집단 간의 교류를 촉구하고, 인류사회를 확대하는 기능을 실제로 행하게 된 것이다.

남녀의 성적 분업에 의거하고, 식량의 분배를 통해서 공식 단위로서의 가족 기능이 성립하였다고 생각된다.

유인원(類人猿)에게서도 먹이의 분배 행동이 관찰되고 있다. 침팬지와 포노포에서는「구걸하는 행동」이 알려지고 있다. 먹이를 손에 쥔다든지, 입에 물고 있는 개체에 접근하여 한쪽 손을 내민다든가, 손을 상대방의 입에 댄다든가, 입을 상대의 입에 붙이는 행동을 한다. 먹이를 달라고 보채는 것을 당한 놈은 곧 반응하지 않으나, 집요하게 따르면 손이나 입에서 상대가 먹이의 일부를 가지는 것을 허락한다.

구걸하는 행동과 분배는 과일・잎・줄기 등의 식물성 먹이로부터 고기에 이르기까지 넓은 범위에 미친다. 침팬지에서는 야생 식물의 분배는 거의 자식이 모친에게 달라고 졸라서 일어난다고 한다. 고기를 분배할 때에는 획득물 주위에 여러 마리의 침팬지가 모여서 일시에 획득물의 일부를 뜯어내어 취하는 '눈대중으로 나눔'과 눈대중으로 나누어진 큰 고기 덩어리를 다시 다른 개체가 구걸하여 작은 고기 짜투리를 얻는 '재분배'가 일어난다. 고기 소유자는 분배하지 않으려고 싸우거나 고기를 뺏고 뺏는 장면이 빈번히 일어난다.*5)

침팬지에게서는 요구, 결국 구걸하는 행동을 하지 않고 소유자가 먹이를 자발적으로 분배하는 일은 없다고 한다. 또 구걸과 분배는 그 장소에 있었던 동지들끼리만 하는 것이지, 특정의 부재자에게 분배하기 위하여 소유자가 먹이를 남겨 두지 않는다. 또한 모자 사이에서의 분배를 들여다보면 구걸하는 행동에 있어서 지속적인 분배 동료라는 관계는 없는 것으로 보인다.

다만 성숙한 암컷은 평소에 고기를 잘 분배해 주는 수컷 또는 털 다듬기를 잘 해주는 수컷과 독점적・배타적인 성관계를 갖는 경향이 있다고 하는 보고와 포노포에서도 교미와 먹이 교환이 잘 되고 있다는 보고가 있는 것이 주목된다. 식(食)의 분배나 신체 접촉을 통해서 성립하는 특정의 수컷・암컷 간의 친밀함은 인류에게서 성립된 배우관계가 싹튼 상태를 보이는 데이터일 가능성이 있는 것이다.*6)

그런데 인류의 조상이 인간답게 된 것은 삼림에서 사바나와 같은 열린 땅에 진출하여 곧게 서서 두 발로 걷게 된 이후부터이다.

서서 걷게 되면서 빈손으로 물건을 잡는 것이 가능하게 되었을 뿐만이 아니다. 서게 되면서 다양한 신체적인 변화가 일어났다. 그 중의 하나가 머리를 단단히 조이던 근육이 퇴화하고 그와 더불어 이가 퇴화한 것이다. 그래서 어금니를 무기나 수렵에 사용하지 못하고, 도구를 무기나 수렵구로 사용함으로써 강인한 저작력을 잃게 된 대신에 도구를 사용해서 요리하는 길을 터득하게 되었다. 한편, 머리의 근육이 퇴화함에 따라서 두개골이 커지고, 대뇌가 발달하면서 「문화를 소유하는 동물」로의 길을 걷게 된 것이다.

직립하면 골반의 모양이 변하고, 산도(產道)가 좁아지게 된다. 좁은 산도를 통과하기 위하여 다른 동물에서 말하면 미숙아 단계에서 인류의 갓난아기가 태어나게 되었다. 태아의 상태에서 태어난 아기가 모친을 따라 걸을 수 있을 때까지는 대단히 오랜 시간이 필요하고, 체격의 발달만이 아니라 두뇌에 사회적 행동의 학습이 축적되어 한 사람으로 행동하게 될 때까지에는 더욱 오랜 시간이 필요하다. 그 때 모친은 아이를 보살피는 일에 전념하지 않으면 안 된다.

많은 영장류 학자는 초기 인류는 무리를 지어 생활하였다고 생각하고 있었던 것 같다.

무리들은 식량자원을 구하려고 항상 이동하고 한 곳에 머무르지 아니하였다. 갓난아이를 안고 무리들과 같이 장거리를 이동하는 것이 불가능한 모친을 인류 조상의 무리들은 버리지 않았다. 동료들을 따라서 갈 수 없는 모자에게 무리의 동료들이 음식물을 운반해서 나누어 주는 행동이 싹트게 되었던 것이다. 인류의 조상은 자유로워진 양손으로 대량의 음식물을 운반할 수 있게 되었고, 후에는 운반 도구도 고안하였다.

무리의 하루 이동이 끝나면 그 장소에서 자지 않고 모자가 쉬는 집이 있는 장소로 돌아와서 음식물을 분배하고 무리가 함께 식사하였던 것이다. 그것이 캠프지와 공식의 기원에 해당하는 것으로 생각된다.

분배나 공식에 있어서 중요한 가치를 가진 식량은 어린이를 안고 있는 모친도 채취하기 쉬운 식물성 식량이 아니고 동물의 고기이었을 것이다. 도구를 사용해서 본격적인 수렵을 하게 된 초기 인류에게 영양가가 높고 효율이 좋은 식품인 고기가 맛있는 음식이었음에는 틀림이 없다.

민족지적(民族誌的) 지견에 의하면 현재의 수렵 채집민의 대부분에서 수렵은 남성의 일이었다. 한편, 식물성 식량자원의 채집은 주로 여성의 일이었다. 초기 인류에 있어서도 같았다고 생각되며, 캠프지에는 여성과 어린이가 머무르고, 원거리를 이동하여 수렵하러 나가는 일은 남성이 하였다는 것이다. 인간이 본격적으로 수렵인이 됨에 따라서 남녀의 분업이 시작되었던 것이다.

다만, 성적 분업의 기원에 대하여 남녀의 신체적 차이를 상당히 강조하여 도식화한 것에 의문이 제출되고 있는 것에 유의할 필요가 있다. 今村薰은 아프리카의 수렵 채집민인 산(부쉬 맨)의 조사 결과에 근거하면 남성은 수렵, 여성은 채집이라고 하는 성적 분업이 결코 배타적인 분업이 아니고 많은 부분에 있어서 남녀의 일이 중복되는 것이 보인다고 한다. 그래서 남녀의 차이를 강조하는 현대에 있어서 Gender・Ideology가 성적 분업론에 영향을 준다고 지적하고 있다.*7)

어떻든 무리 전체를 단위로 하는 음식물 분배가 아니고 배우관계에 있는 특정의 남녀와 그 사이에 태어난 아이를 기본적인 음식물 분배의 단위로 하게 되고, 이것을 제도화 한 것이 가족이라는 것은 영장류학적(靈長類學的)인 입장에서 보는 가족 기원의 시나리오이다.

3. 불과 요리

본인은 인류가 불을 사용하여 요리하게 됨으로써 공식 집단으로서의 가족 연대가 강화되었다고 생각한다. 가족은 음식물 분배만이 아니고 같은 불에서 만든 요리를 함께 먹는 집단 단위가 된 것이다.

요리에 대하여 논할 때 곤란한 것은 '요리하다' 또는 '조리하다'는 것이 어떤 행위인가를 구체적으로 설명한 정의가 없다는 것이다. 그것은 요리의 개념이 각각의 문화에 따라 다르다는 데에 있다. 예를 들면 영어의 'cook'이라는 어휘는 보통 일본어의 「요리」와 동의어라고 해석되지만, 엄밀히 말하면 cook이라는 것은 불의 열기를 사용한 요리를 나타내는 것이다. 따라서 일본요리의 대표인 사시미(刺身)는 cook의 범주에 들어가지 않는 음식이다.

통문화적(通文化的)으로 확립된 요리의 정의가 없으므로 여기에

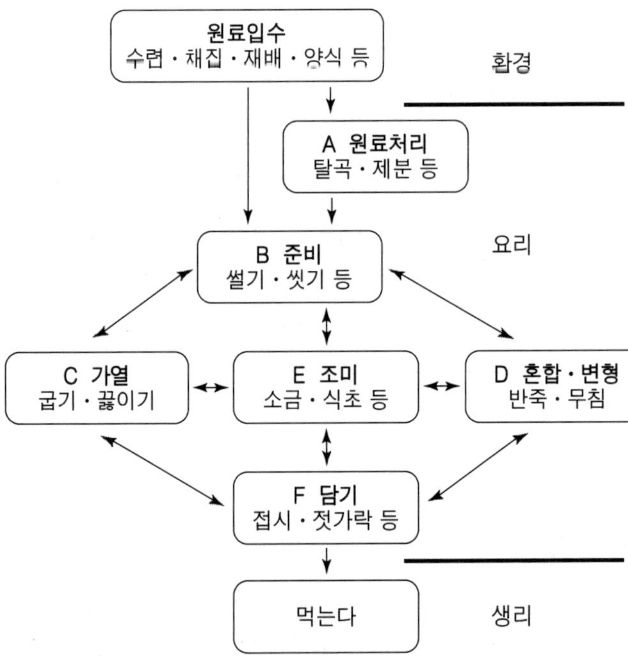

그림 1 요리 시스템

서는 편법으로 그림 1의 A에서 F까지 행위 중 어느 것이거나, 또는 A에서 F에 달하는 여러 가지 행위의 process를 거쳐서 식용하는 것을 요리라고 해 둔다. 그림 1은 호주, 아프리카, 일본의 8개 사회에서 본인이 조사한 가족에 대한 부엌용품의 통문화적인 비교를 위하여 작성한 것이다.

수렵, 채집, 어로, 농경, 목축 등의 수단으로 인간은 환경 속에서 적극적으로 활동하여 식량자원을 입수한다. 그것을 요리해서 식용 가능한 것으로, 그대로도 먹을 수 있는 것을 더욱 먹기 쉽게 한 상태로 변형시킨 것이 요리이다. 음식물을 입에 넣은 후는 생리현상에 맡기게 된다. 그래서 음식물이 그림 1의 환경 수준에 위치하는 [원료 입수]와 생리의 수준에 위치하는 [먹는다]로 이행하는 사이에 요리라는 행위가 들어간다.

A. 원료처리 ; 곡물을 도정하고 배아를 제거하고, 가루로 만드는 것 등. 원료처리와 미리 준비해 두는 것의 다른 점은 미리 준비를 하면서 바로 가열・맛내기 등의 process로 이행하는 것인데 대해서 원료처리는 요리의 다른 process에서 시간적으로 연속적일 필요가 없는 점이다.
B. 미리 준비하는 것 ; 해체, 내장 제거, 채소 썰기, 씻기
C. 가열 ; 구이, 끓이기, 쪄서 굽기, 볶음 등
D. 혼합・변형 ; 버무려 섞기, 반죽하기, 무치기 등
E. 조미 ; 소금 가하기, 향신료 가하기, 미소 가하기 등
F. 담기 ; 접시에 놓기, 젓가락 놓기

이상 6종류의 행위로부터 요리가 성립된다고 하는 것이다.

이것은 조사된 사회의 가정에서 요리 만들기와 관련된 부엌일의

수순을 관찰하고, 그 작업의 공통항목을 묶어서 작성한 모델이다. 가정에서의 일상적인 요리 만들기를 대상으로 하였으며 시오즈께(鹽漬), 훈제, 나레즈시, 술 만들기 등 발효식품이나 보존식품의 가공기술은 대상에서 제외하였다.

이 요리를 6종류의 행위로 분류한 모델은 반드시 객관적이라고 말할 수는 없다. 각각의 문화에 따라서 각각 다른 요리의 행위를 비교하기 위하여 본인이 좀 강제적으로 카테고리 분류하였기 때문이다. 여기에서 이 분류는 편의적인 성질을 가진 척도(nominal scale)이다. 자기 나름대로 만든 잣대로도 같은 잣대를 기준으로 측정하였다면 매사의 비교가 가능하게 된다. 8개 사회의 21세대에서 부엌용품의 종류를 여섯 개로 분류하여 수량적으로 비교하고, 그래프를 작성하여 「부엌문화의 비교 연구」라고 하는 논문을 작성하였다.[*8)] 상세한 것은 논문을 자세히 보기로 하고, 우선은 이 가설에 따라 영장류(靈長類)의 요리에 대하여 검토해 보려고 한다.

1953년, 宮崎縣幸島에서 먹이를 받은 일본 원숭이 한 마리가 흐르는 물에서 고구마를 씻어서 먹는 것이 잠깐 보였다. 이 「고구마 씻기」 행동이 동료 원숭이에게 전파되어 가는 과정이 관찰되었다. 처음에는 민물에서 씻고 있었으나 나중에는 바닷물에서 씻게 되었다. 또 「고구마 씻기」를 최초로 시작한 원숭이가 모래에 문지른 보리를 한 알씩 고르는 대신에 모래가루를 손에 담고 훑어서 물에 넣고 뜬 보리를 먹는 「보리 씻기」 행동을 시작하고, 그것을 무리에게 전하였다. 그 무리들에게 전파하는 과정에서 「보리 씻기」 행동이 어떻게 변화했는가가 상세하게 관찰되어 있다.

문화인류학에서 말하는 문화라는 것은 후천적으로 습득하여 집단에 의하여 공유되며, 변화하면서도 전승된다는 줄거리이다. 幸島의 원숭이 무리의「고구마 씻기」「보리 씻기」행동은 새로운 문화의 발생・전파・변용을 보이는 것이고, 인류 이외의 영장류에도 문화가 싹트는 상태를 보이는 최초의 보고라고 해서 국제적인 반향을 불러 일으켰다.*9)

「고구마 씻기」「보리 씻기」행동은 그림 1의 <B. 준비과정>에 해당하고, 해수로 씻는 것은 짠맛을 내는 것으로 <E. 조미>의 행동에 포함되는 것으로 해석할 수 있다. 그렇게 되면 일본 원숭이에게도 인류가 구성하는 요리 행위의 일부가 보인다고 할 수 있다. 다만 이것은 먹이를 준 무리에게서 일어났다는 것이지 이 사례로부터 일본 원숭이라고 하는 종(種)이 요리를 하는 동물이라고 하는 것은 옳지 않다.

「고구마 씻기」행동을 정말 문화라고 해도 되는지 의문시하는 견해도 있다.*10) 그러나 침팬지에게 문화가 싹트는 상태를 인정한다는 것은 많은 연구자들에게서 지지되고 있다. 그 유력한 논거의 하나가 되는 것은 야생 침팬지가 도구를 사용한다는 것이다. 이러한 일로 '인간은 도구를 사용하는 동물이다'라고 하는 도구를 이용 '한다' '하지 않는다'는 것으로 문화를 규정하는 논제가 의문시 되었다.

침팬지는 비손(아프리카 비단뱀)의 사체와 같은 위험할지도 모르는 물체를 조사할 때 직접 가까이 다가가 냄새를 맡지 않고 나뭇가지로 건드리면 냄새를 조사한다. 나뭇가지를 나무 속으로 찔러 넣어서 조사하는 경우도 있다. 이러한 것은 '탐색'을 위한 도구 사용으로, 장기적인 필드 조사에서 어디에서든지 볼 수 있는 침팬지에 공통된 문화라고 한다.

식량 채집에 관해서는 침팬지의 흰개미 낚기가 알려져 있다. 담쟁이나 벼과 식물의 줄기, 가늘게 쪼개진 나무껍질 등을 흰개미의 집 구멍에 찔러 넣어 거기에 물린 흰개미를 낚아 올려서 먹는 것은 아프리카 침팬지에게 공통적이다.

중앙아프리카의 침팬지는 길이 80cm, 직경 1cm 정도의 막대기를 흰개미의 집에 찔러 넣어 둥지를 넓힌 다음 다른 가는 낚시 봉을 찔러 넣어 낚아 올린다. 이것은 한 목적에 기능이 다른 복수의 도구를 이용하는 것이다.

요리와 관계있는 침팬지의 행동에는 「호두까기」가 있다. 돌이나 나무판 위에 열매를 올려놓고 돌이나 무거운 봉을 손으로 쥐고 두드려 알맹이를 벗긴다. 이 행동은 서아프리카의 일정 지역 침팬지 무리에서만 관찰된다. 이러한 행동은 어느 무리에 소속된 개체가 다른 무리로 이동함에 따라 「호두까기」가 무리로부터 무리에게 전달되어 '문화권'이라고 하는 분포를 형성하는 것으로 설명된다.[*11)]

「호두까기」 행동은 도구, 즉 문화의 산물을 적용하여서 그대로는 먹을 수 없는 견과를 식용할 수 있게 하여 이용 가능한 식량자원을 확대하는 효과를 주고 있다. 그것은 그림 1의 <B. 준비과정>에 해당하는 행위이다. 침팬지는 넓은 의미의 요리에 해당하는 행동을 하고 있는 것이다.

다만 인류의 요리 중에서 핵을 이루는 <C. 가열>해서 먹는 것은 모든 동물 중에서 인류만이 갖는 특유한 행위이다. 영장류에서 볼 수 있는 식품재료의 가공은 씻고, 자르고, 부수는 등 물리적 조작에 한하고 있다.

화열(火熱)의 이용은 열을 가함으로써 식품재료의 모양이나 성질이 물리적으로 변화될 뿐만 아니라 성분의 화학적인 변화가 일어나며, 가열에 의해서 영양적 가치, 맛, 향, 텍스쳐도 넓은 폭으로 변화된다.

이에 따라 인류는 생식할 수 없는 동식물을 새로운 식량자원으로 개발하는 것이 가능하게 되었다. 가열에 의해 그대로 먹을 때보다 더

먹기 좋게 된다. 또 가열에 의해서 자기분해효소의 작용을 중지시키거나 박테리아에 의한 부패를 방지할 수 있어 음식물의 보존성이 높아져서 보다 안전하게 먹을 수 있게 되었다.

가열에 의한 변화로 미각적으로 맛이 좋아질 뿐만이 아니었다. 음식물이 연해지므로 이가 쇠약해진 노인이나 유아도 먹을 수 있게 되고, 그것이 수명과도 관계가 있어서 인류가 장수하는 동물이 된 원인의 하나가 되었을 것으로 본다.

곡물이나 감자류는 가열에 의해 전분이 알파화되어 소화가 가능해진다. 두류의 대부분은 유독성분을 함유하고 있으므로 생식할 수 없으나 가열하면 식용이 가능해진다. 이와 같이 가열을 전제로 하는 식품으로서 곡류·감자류·두류가 현재 세계의 주요 작물로 되고 있으나, 그것들은 신석기 시대에 일어난 농업혁명에 의해서 개발된 것들이다.

그러면 불을 사용한 최초의 요리로는 어떠한 것이 있을까? 초기 인류의 메뉴에 있었던 음식물 중에서 직화에서 그을리기만 한 간단한 가열법으로 맛이나 텍스쳐의 극적인 변화를 체험할 수 있었던 것은 고기이다. 본인은 구운 고기가 인류 최고(最古)의 불을 이용한 요리가 아닌가 하고 상상한다. 직립 2족 보행을 함에 따라서 본격적인 수렵인이 된 인류는 획득물을 구어서 먹게 되었고, 본격적으로 「요리하는 동물」이 된 것이다.

불의 사용은 언어의 사용에 대비할 정도로 인류사에 있어서 중요한 일이지만, 그 기원에 대해서는 불분명한 점이 많다. 雲南省 元謀 유적에서는 인류의 치아와 몇 점의 석기가 섞여 있는 재가 발견되고 있다. 170만 년 전으로 보는 이 유적의 추정 연대가 확실하다면 인류가 불과 공존했던 것을 보여주는 가장 오래된 사례라고 할 수 있다.

케냐의 시에소완가 유적에서 발견된 회층(灰層)은 140만 년 전으로 거슬러 올라간다고 한다. 남아프리카의 수와오토크란스에서는 150~100만 년 전의 층위(層位)에서 구워진 동물 뼈가 발견되고 있으나, 그 때 그 지방에서는 아와수토라로피테크스・로프스토크스(猿人) 만이 아니고 호모・에레크토스(原人)도 생식하고 있었다고 한다.*12)

그 후 수십만 년 간 불의 존재를 결정할 수 있는 유적은 발견되지 않고 있다. 75만 년 전 이후의 시대에서 몇 개의 유럽 전기 구석기 시대의 주거 유적인 노적(爐跡)이 발견되고 있지만, 그것은 원시인 단계의 것이다. 잘 알려져 있는 북경 교외의 주구점(周口店) 동굴 유적에서 노적(爐跡)이나 그을린 흔적이 있는 사슴의 뿔과 짐승 뼈가 출토되어 시난드로프스・페키넨시스(북경 原人)가 화식(火食)을 하고 있었던 것으로 추정되고 있다.

틀림없이 낙뢰나 산불에서 얻은 불씨를 끄지 않고 보존하는 것이 초기의 불 관리였을 것이다. 구석기 시대에 언제・어디에서 발화법이 발명되었는가를 고고학적으로 입증한다는 것은 불가능하다.

필요한 때 불을 만들 수 있는 발화법이 발명되기 이전에는 불씨가 끊어지지 않게 하기 위하여 불 당번이 필요하였다. 항상 불씨를 지니고 이동하는 것은 곤란하므로 불의 이용은 정주생활(定住生活)로 까지는 가지 않는다 해도 일정 기간 같은 장소에 체류하는 생활양식에서 가능한 것이었다. 초기 인류의 캠프지를 본거로 한 주변의 수렵채집 생활에서 불 당번으로 종사한 사람은 여성이었을 것이다. 현재 민족지(民族誌)에서도 많은 사회에서 불의 관리가 여성의 일이었다고 되어 있다. 초기의 불 이용법으로는 야수를 막고 난방, 조명, 요리라고 생각된다.

본인은 획득물의 분배와 함께 요리에 불을 사용한 것이 공식을 촉진하였다고 추측한다. 한 사람마다 각각 다른 불에서 자신이 먹을 요리만을 별도로 만들었다고 생각하기는 곤란하다. 같은 불에서 요리한 것을 집단에서 공식하였을 것이다. 초기 인류가 무리지어 생활하면서 같은 불에서 구운 고기를 함께 먹는 최대의 집단은 캠프 지를 같이 하는 무리였을 것이다.

야간에는 캠프・파이어 주위에서 생활하는 것이 초기 인류의 생활이었을 것이다. 그 후 무리 속에서 가족이 성립되기 시작하고, 공식과 요리의 단위는 무리들로부터 가족으로 이동하게 된다. 가족을 단위로 해서 생활하게 되면서 요리와 공식의 기본적 집단 단위로서의 가족이 더욱 강화되게 되었을 것이다.

종래에 많이 논의되던 것 중에서 중심을 이룬 음식물의 분배만이 아니라 「요리 하는 동물」이 불을 사용한 요리를 먹을 수 있게 된 것이 가족의 성립과도 관계가 있다는 것을 강조하고 싶다.

4. 다양한 공식집단(共食集團)

음식은 커뮤니케이션의 수단이기도 하다. 음식을 함께 먹으면서 사람들의 연대감이 활성화 한다. 그래서 시간과 장소에 따라서 다양한 공식집단(共食集團)이 형성하게 된다.

법사(法事, 제사 때의 식사와 같은 것) 등 친족 집단의 공식, 신사(神社)의 제례에 참석하는 우쥬(氏子)들의 음복잔치 등 지역 집단의 공식, 회사의 연회 등 직장을 단위로 하는 공식 등 사회적 성격이 강한 행사에 따르는 공식적인 공식집단이 있다면, 친구들과의 회식 같은 사적인 성격이 강한 공식집단도 있다.

「공식하는 동물」인 인간의 식사는 원칙적으로 혼자서 먹는 것이 아니다. 여행지에서 먹는 식사나 단신 부임자의 식사와 같이 혼자서 식사를 하지 않으면 안 되는 경우도 있다. 그러나 어떤 사회에서도 정상적인 식사는 공식하는 것으로 되어 있다. 개인 단위로 밥을 짓고, 혼자만이 먹는 것이 보통으로 되어 있는 사회는 없다. 그래서 가장 일상적인 공식집단은 가족인 것이다.

가족이 기본적인 공식집단인 것은 세계의 민족들에게서 공통적이다. 다만 가족의 형태는 사회에 따라서 다르다. 또 가족만이 아니라 가족을 초월한 집단이 일상적인 공식집단으로서 기능을 하고 있는 사회도 있다.

가족 형태의 종류나 가족 이외의 일상적인 공식집단에 대한 민족지적인 사례를 열거하려면 끝이 없다. 여기에서 본인이 민족지적 조사를 한 적이 있는 어느 사회 중에서 일본인 가족의 공식과는 상당히 다른 사례를 뽑아서 소개하려고 한다.

이 사례에는 가족의 기원에 관계될 듯한 사실이나 남성과 여성의 격리 등 사회진화론에 관계될 듯한 사실이 포함되어 있다. 그러나 몇 개에 불과한 사례를 기본으로 해서 일반론으로 비약하는 것은 위험하다. 의심스러운 논고는 빼고, 여기에서는 여러 가지의 일상적인 공식의 단위를 알게 되었기 때문에 기술하여 남겨 두려고 한다.

1) 핫자 족(Hadza 族)

1966~1967년, 본인은 탄자니아 공화국의 내륙부, 에야시호(湖)의 동안(東岸)에 위치한 망고라(Mangola)에서 민족지적 조사를 하게 되었다. 이 마을의 면적은 神奈川縣 보다도 조금 넓으며, 에야시호(湖) 면의 표고는 약 1,000m이다. 마을의 대부분은 사반나 식물을 생식하고 있으며, 동물상(動物相)으로는 사자나 표범을 포함하여 악어가 보이고, 동아프리카의 대표적인 동물을 거의 다 볼 수 있었다. 망고라 마을에는 수렵 채집민인 핫자 족(Hadza 族), 목축민인 다토

가 족(Datoga 族), 반농 반목민인 이라쿠 족(Iraqw 族), 농경민인 스와히리(Swahiri)라고 하는 집단이 거주지를 따로 하여 살고 있다.

이 생활양식이 다른 4개 사회 중에서 핫자 족과 다토가 족의 가족 공식에 있어서 가족형태, 생활양식, 가옥에 관계되는 것에 대하여 간단히 소개한다.*13)

핫자 족은 인류의 가장 오래 된 생활양식인 수렵과 식물성 식량자원의 채집에 종사하고, 농경이나 목축도 하지 않는 아프리카에서도 많지 않은 수렵 채집민이다. 남아프리카의 산(부쉬 맨)과 동일하게 아프리카에서의 최고층(最古層) 언어라고 하는 코이산어(語)를 말하는 사람들이다.

세계적으로 수렵 채집민은 식량자원을 구하러 유동(遊動) 생활을 하는 경우가 많고, 일정한 지역 안에서 유동하는 소규모의 지역집단을 반도라고 한다. 부부와 그 아이들로 구성되는 가족, 즉 핵가족 몇이 모여서 반도가 형성된다.

망고라 마을 핫자 족의 지역집단도 반도형 사회이다. 망고라 지역을 영역으로 하는 핫자 족의 인구는 약 80명으로 추정된다. 이 사람들이 주로 식량자원의 획득과 관련하여 몇 개의 가족이 모여서 소집단을 만들거나, 집단에서 떨어져 나오거나 하는 이합집산을 번갈아 반복하고 있다.

다른 수렵민과 같이 핫자 족의 경우도 수렵은 남자의 일이다. 화살이 주된 수렵기구로 큰 동물을 쏘는 경우에는 독화살이 사용되었다. 여러 종류의 사슴류가 중요한 수렵 대상이며, 그 외에 조류를 잡기도 하였다. 야생 식물성 식량으로서는 14종의 과일, 3종의 근경이 채집되었다.

식물성 식량은 그 때마다 거주지 가까운 곳에서 여성들이 채집한다. 뿌리를 뽑아내기 위하여 여자가 사용하는 끝을 뾰족하게 만든 파는 막대기 외에는 채집을 위한 도구는 없었다. 채집을 해서 그 날 중으로 소비해 버리는 것이 보통이며, 식량을 보존하는 경우는 거의 없다. 과일 등 생식할 수 있는 식물성 식품은 껍질을 벗기고 그 자리에서 먹어 버리는 것이 보통이고, 주거지로 가지고 돌아오는 것으로는 구워야만 먹을 수 있는 근경류가 있으며, 요리해 두었다가 수렵에서 돌아온 남자들에게도 나누어 준다. 생식 가능한 나무의 열매는 여자로부터 나누어 받는 것이 아니라 남자들이 수렵하러 가고 오는 길에 나무가 있는 곳에서 채취하여 먹는다.

보존할 수 있는 채집 식품으로 꿀이 있다. 꿀 채집은 남자의 일로서, 표주박에 담은 꿀은 자가 소비만이 아니라 주변의 스와히리 농경민에게 팔아 핫자 족에게 적지 않은 현금 수입원이 되었다.

수렵 동물이나 채집 식물도 계절에 따라서 다른 장소로 이동하지 않으면 입수할 수 없으므로 식량자원의 계절적인 분포에 따라 유동생활(遊動生活)을 한다. 정주할 주거를 갖고 있지 않으며, 사반나 중에 일시적으로 초막을 치고 그 주변에서 수렵・채집를 한 후 초막을 버리고 다른 장소로 이동한다. 이러한 생활은 고릴라나 침팬지의 이동생활에 가까운 생활양식이다.

고릴라나 침팬지는 무리 전체가 행동을 함께 하고, 하루의 이동생활이 끝나는 장소에 둥지를 만들고 자며, 다음 날은 또 다른 장소에서 둥지를 만든다. 그러나 핫자 족의 경우는 이동이 심한 계절에도 3일간, 평균 7～10일간은 같은 초막에서 숙박하기도 한다. 여성들은 초막의 주변에서 식물채집을 하거나 육아를 하며, 남자들은 획득물을 구하러 다른 장소에까지 나간다. 그리하여 남자들은 획득물을 얻으면 초막으로 돌아온다. 조잡한 초막이지만 처자가 기다리고 있는 돌아가야 할 가정을 가지고 있다는 것이 침팬지나 고릴라가 사는 것과 결정적으로 다른 점이다.

6월부터 10월말경은 건조한 계절이고, 11월부터 다음 해 5월경까지는 우기이다. 식물성 식량자원이 부족한 건조한 계절에는 수렵과 꿀 채집이 생활의 주력이 되며, 획득물을 구하러 이동하는 시기이다. 한 곳에서 3~10일간 정도 거주한 다음 다른 수렵장소로 이동한다. 비에 대한 설비가 불필요하고, 이동이 빈번하므로 건조한 계절의 주거는 아주 간단하게 만든다.

가시(토계)가 있는 두과 나무의 가지를 모아서 높이 50cm 정도로 쌓아 올리고, 직경 2~3m의 원형의 울타리를 만든 다음 울타리의 한 쪽을 출입구로 열어 둔다. 지붕은 만들지 않고, 바람이 부는 방향으로만 울타리에 풀을 휘감아서 바람을 막을 뿐이다.

울타리 안에 풀을 깔거나 이동할 때 가지고 다니는 영양류의 모피를 한 장 깔아서 침상으로 한다. 잘 때에는 발가벗은 채로 깔아 놓은 모피나 풀 위에 눕거나, 낮 동안 몸에 두르고 있던 천 조각으로 휘감아 두른다.

돌을 3개 모아서 울타리의 중간에 놓고 화로로 사용한다. 이 위에 알루미늄제 냄비를 걸쳐 놓거나, 핫자 족이 교역으로 얻은 금속제의 냄비를 사용해서 끓이는 요리를 하게 된 것은 20세기가 되고 난 이후부터이고, 전통적인 가열조리는 직화에서 굽거나, 불을 때고 난 후 재에 묻어서 굽는 것이다.

전통적인 발화법은 발화 봉을 고목에 대고 손으로 송곳질을 하듯이 회전시켜서 마찰열로 불을 얻는다. 조사 시점에서는 농경민으로부터 입수한 정유(灯油)를 연료로 하는 라이터를 가진 자도 많았다. 불의 관리는 여자의 일이다. 야수를 막고, 벌레를 막기 위하여 야간에는 화로의 불을 끄지 않는다.

가재도구는 이동하는 동안 가족의 손으로 운반할 수 있는 것만으로 한정된다. 어느 핫자 족의 부부가 지니고 있던 물건을 적어 보면 다음과 같다. 물 깃는 것, 물 마시는 것, 꿀 담는 것, 식기로 사용하는 표주박제 용기 7개, 알루미늄 냄비 1개, 담배 잎과 손으로 만든 활석제 파이프를 넣은 가죽주머니 1개, 나이프 1개, 활 1장(張), 화살 12개, 발화 봉 1개, 사슴의 가죽깔개 1매, 다음으로는 각자가 몸에 두르고 있는 의복뿐이다.

이들의 가재도구가 울타리 안에 놓여 있고, 화로(火爐)가 설치되어 있는 것으로 겨우 사람이 살고 있다는 것을 알 수 있다. 가옥이라기보다는 셸터라는 말이 어울리는 핫자 족의 건조한 주거는 인류에서 가장 원시적인 주거의 하나라고 해도 좋을 것이다.

건조 계절의 유동성이 많은 생활에서는 핵가족 단위, 또는 서로 맞는 2～3명의 핵가족이 결집된 소집단이 유동 단위가 되어서 행동한다.

우기에 들어가면 가장 중요한 채집 과일인 무다비(Cordia gharaf)가 첫 열매가 된다. 스와히리어(語)로 무다비라고 하는 이것은 생식할 수 있는 수유나무의 열매와 유사한 식물이다. 이 시기의 냇가 무다비 나무가 많은 장소에 핫자 족 몇 집이 모여서 우기계절의 캠프가 형성된다.

우기의 캠프 생활은 정착성이 높고, 비에 대한 방어도 필요하므로 건조한 계절보다도 손이 많이 가는 지붕이 있는 초막을 짓는다.

나무토막으로 지면에 직경 2～3m의 원을 그린 다음 근경을 파낼 때 쓰는 나무 봉으로 원주를 따라가며 구멍을 파고, 길이 2～3m 관목의 생나무 가지 20개 정도를 구멍에 묻는다. 가지의 양끝을 원의 안쪽에 꾸부려 넣고 가지 끝을 얽히게 하여 돔모양의 초막 기둥을 만든다. 사반나에 살고 있는 치토세란을 뿌리째로 잘라 초막 둘레 하반부에 나란히 벽으로 만들고, 상반부에는 생초를 놓아서 지붕으로 한다. 풀을 묶어서 지붕 기둥에 잡아매지 않으므로 강풍이 불면 지붕의 풀이 날아가 버리지만, 이것으로 우기의 주거가 완성되는 것이다(그림 2). 초막을 만드는 것은 여자의 일이다. 3인의 여자가 공동 작업으로 나무를 잘라 내는 것을 시작으로 두 시간 정도이면 우기의 초막이 완성된다.

본인이 조사한 우기 캠프지의 가옥 배치를 나타낸 것이 그림 3에

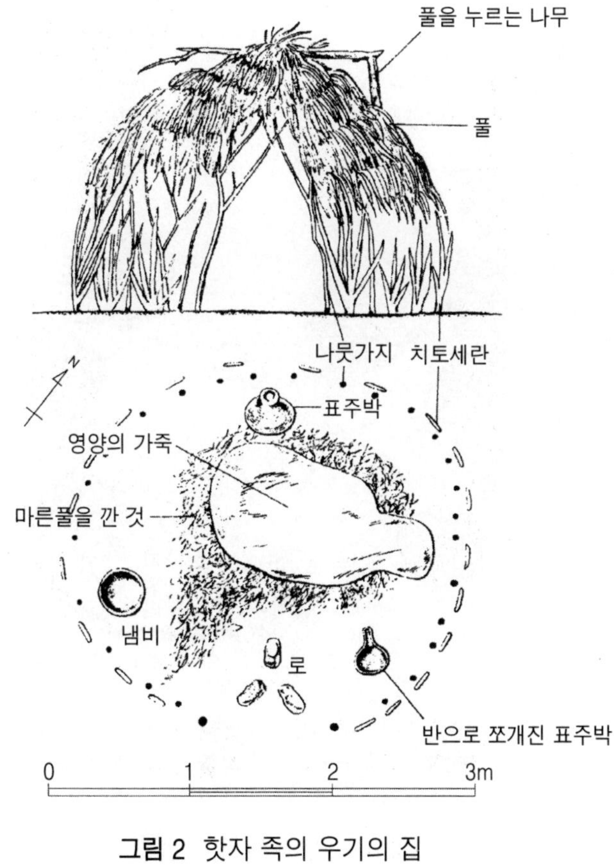

그림 2 핫자 족의 우기의 집

있다. 야수가 가까이 할 수 없는 무성한 숲으로 둘러싸여 있는 빈 땅이 우기의 캠프지이며, 여자들이 손일을 하면서 잡담하는 장소와 남자들이 모이는 장소가 있으며, 획득물이 많이 포획된 때에 캠프의 모든 회원이 춤을 추는 광장이 갖추어져 있는 공간이 있다. 여기에는 아홉 채의 우기 초막이 세워져 있는데, 7가족의 초막과 2인의 젊은

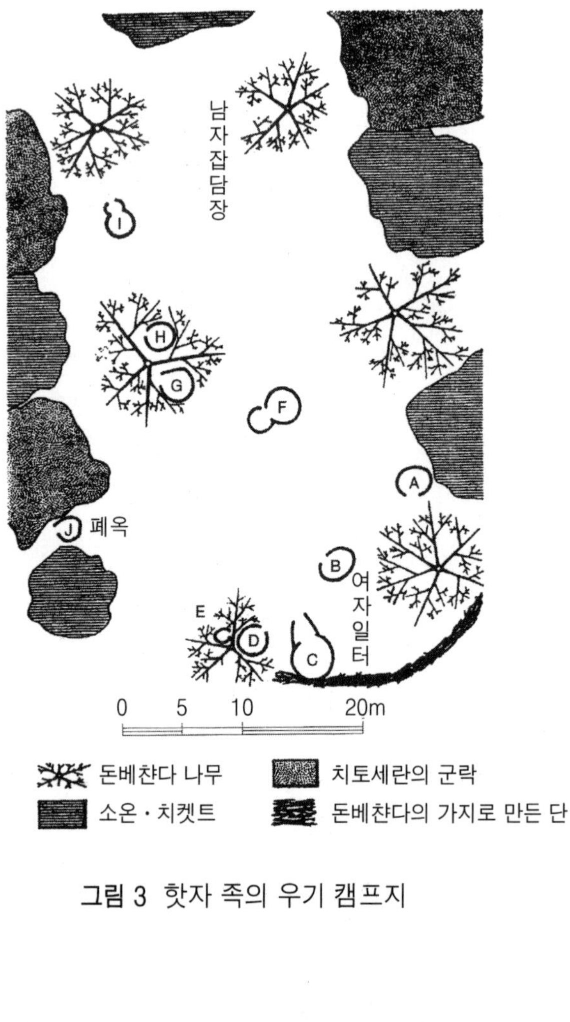

그림 3 핫자 족의 우기 캠프지

표 1 1966년 11월~1967년 1월에 우기 캠프지에 집합한 가족의 체재기간 (알파벳은 그림 3과 같다)

가옥 번호	호주명	11월	12월	1월
A	보-데			
B	기소라			
C	판다			
D	테시에			
E	보-데·마-쇼 쿤바			
F	필자			
G	하이시			
H	쿠미카			
I	우세니보고			

사람이 합숙하는 초막 E와 본인이 거주하는 초막 F이다. E에 거주하는 사람은 초막 D와 I의 가족에 소속하는 미혼 남성이다. 이 캠프지에 사람들이 제일 먼저 모인 12월 하순에는 30인의 핫자 족이 거주하고 있었다(표 1).

핫자 족의 가족 형태는 핵가족이고, 예외적인 사례를 보면 일부일처이다. 그 생활양식으로는 여럿의 처자를 부양하기는 곤란하다. 부(父) 측과 모(母) 측 쌍방의 친족 계보를 따라 양측의 친족 집단을 만들고, 인척관계로 이어지는 아내 측과 남편 측 친족과의 관계도 밀접하다. 조사대상의 캠프지 구성원을 조사한 결과 어느 경우에나 아버지 측과 어머니 측을 통한 혈연관계, 또는 처를 통한 인척관계로 묶인 사람들이었다.

건조한 계절의 생활이 핵가족 단위로 운영되고 있는 것에 대하여 우기 캠프지의 생활에서는 성별·연령별 집단이 일시적으로 편성된다. 즉 노인은 젊은이만큼 자주 수렵채집에 나가지 않는다. 노인을 위한 음식물을 모으는 것은 아들들과 딸들의 의무이다.

젊은 사람들은 단독 또는 2~3인이 한 조가 되어 동물들이 풀을 먹는 시간을 적당한 때로 하여 조석으로 두 번 수렵에 나간다. 핫자족은 집단 수렵을 하지 않으므로 우기에 캠프지의 남자가 모두 함께 사냥하러 나가지 않는다. 때로는 캠프지에 갖고 돌아올 정도의 획득물이 잡히지 않으면 2~3일 야숙하기도 한다. 그 동안 작은 동물이나 땅거북 등을 구워 먹을 때는 가족을 달리 하는 젊은 사람들 끼리 공식집단이 된다.

캠프지에 갖고 돌아온 획득물이 적은 경우는 사수(射手)의 가족이 먹는다. 대형 획득물이 잡힌 때에는 캠프지의 사람들을 불러 모아 획득물이 도착한 곳에서 해체하고, 고기 덩어리를 캠프지의 모든 가족에게 분배한다. 그것을 가지고 돌아와서 각 가족들이 요리하여 먹는다.

다만 여성이나 어린 남자가 식용해서는 안 되는 「신(神)의 고기」라고 하는 부위가 있다. 신의 고기는 획득물의 종류에 따라 다르나 심장, 가슴 융기부의 고기와 지방, 어깨고기, 내장의 일부 등이다. 또 뇌를 포함한 두부는 사수가 갖는 것이며, 신의 고기에 준해서 취급된다. 뇌를 먹으면 그 동물과 사수 사이에 특별한 우정 관계가 성립되어 고기를 주기 위하여 그 동물이 사수를 찾아오게 된다고 믿는다.

신(神)의 고기는 캠프지의 가장 연장자가 다룬다. 주거지에서 조금 떨어진 여성의 눈에 잘 보이지 않는 장소에서 불을 끄고 신의 고기를 냄비에 넣어서 연장자가 요리하여 남자들에게 분배한다. 남자들이 신의 고기를 먹고 있는 동안에 여성이 가까이 있어서는 안 된다. 신의 고기 경우에는 수렵에 종사하는 남자들끼리 공식집단이 형성되는 것이다.

캠프지의 여자들은 한 단체가 되어 어린이들을 데리고 아침, 저녁으로 2회, 채집 식품에 따라서는 1일 1회 식물성 식량의 채집에 나선다. 생식 가능한 과일은 그 장소에서 먹으며, 가지고 돌아올 수 있는 것은 표주박 용기에 담아 캠프지로 돌아오며, 가족의 남자에게 나누어 주고, 밤에 어린이들에게 먹인다. 가지고 돌아온 근경류는 가족들이 구워서 먹는다.[*14)]

식물성 식량 자원이 적어지는 건조한 계절이 되면 사람들은 우기의 캠프지를 떠나 핵가족 단위로 이동성이 높은 생활을 하게 된다. 일시적으로 2～3개의 가족이 일제히 이동하는 경우도 있으며, 이합집산이 빈번하다.

이렇게 되면 핫자 족의 식사는 핵가족 단위의 공식을 기본으로 한다고 할 수 있다. 가족을 초월한 공식집단으로서는 수렵 의례적 성격을 가진 신의 고기에 관련한 남자의 공식집단, 여기에 각자가 나무의 열매를 비틀어 따서 입으로 가져가기만 하므로 공식이라고 할 수 있을지 어떨지 의문은 있으나 여자들이 채집 활동하는 사이에 공식 할 수 있다.

2) 다토가 족(族)

다토가 족은 언어학적으로는 마사이 족과 같고, 스다닛크어(語) 족 무리 중의 나이로트어(語)를 말하는 목축민이다.

다토가 족의 가옥은 날카로운 가시가 붙어 있는 콩과 나무를 2～3m 정도의 높이로 쌓아 올린 거대한 울타리로 둘러싸인 집터의 중간에 세워진다. 울타리는 가축의 우리가 되는 동시에 가축을 습격하는 야수나 숙적인 마사이 족의 습격 등을 막는 방어설비이기도 하다. 출입구는 한 개이고, 야간에는 문기둥 사이에 가시가 있는 나무를 겹겹이 쌓아서 폐쇄하면 집터는 가시나무의 벽으로 둘러싸인 성 요새화가 되어 보통 방법으로는 내부로 들어갈 수 없게 된다.

다토가 족의 가족 형태는 부계, 일부다처, 남편 쪽 거주 원리에 의해서 구성되는 확대가족이 보통이다. 즉 같은 울타리 안에 가장과 그의 처자들로 구성되는 일부다처 가족, 가장의 아들과 그의 처자, 가장의 동생들과 그의 처자, 남편의 사망으로 별거하여 돌아온 가장의 자매가 거주한다. 이 공통의 집터에 사는 가족 집단을 게다(gheda)라고 한다.

유아를 제외하고 다토가 족의 남성은 3개의 연령 집단 중 어디에든 소속한다. 할례 전의 남자 아이의 집단인 소년조(少年組), 젊은이들의 집단인 약자조(若者組), 장로의 집단인 노년조(老年組)가 그것이다. 소년조는 전사의 전 단계, 약자조는 다른 부족과의 전투나 야수로부터 가축을 지키는 의무를 가진 전사의 집단이고, 노년조는 육체노동을 하지 않고 정치·제사에 관계하는 장로들의 집단이다.

다토가 족의 주요한 가축은 독수리이다. 그 외에 당나귀, 양, 염소를 사육한다. 이들 가축은 3군으로 나뉘어 사육된다. 제1군은 성장한 독수리와 당나귀 무리, 제2군은 생후 1년 이내인 새끼 독수리와 성장한 양과 염소 무리, 제3군은 태어나서 문제가 없는 새끼 독수리와 포유기의 염소, 양의 새끼들이다. 이들 가축의 무리를 관리하는 데는 연령집단과 남자와 여자가 별도로 대처하고 있다.

제1군은 성장한 대가축의 무리들이며, 낮 동안은 울타리에서 계속 나와 수 킬로미터 떨어져 있는 초지나 물 마시는 장소로 유도되어 방목된다. 그 방목을 따르는 것은 약자조에 소속하는 남자들이고, 가축을 위협하는 야수에 대비하여 손에 창을 들고 있다.

양, 염소의 작은 가축과 새끼 독수리로 구성된 제2군은 제1군과 같이 방목하기에는 다리 힘이 없으므로 다른 무리로 관리된다. 또 포유기의 송아지와 어미 소를 같이 있게 하면서 송아지가 어미 소의 젖을 먹도록 하되 인간이 이용할 수 있는 우유가 없어지게 되므로 별도로 관리할 필요가 있다. 제2군은 집터의 주변에서 방목되고, 소년조의 남자 아이들이 관리한다.

제3군은 가축의 새끼가 태어나는 우기에 일시적으로 형성되는 무리이다. 이 무리는 방목하러 나가는 것이 아니고 「여자의 집」에 있는 고리다(ghorida)의 집 내에 수용되며, 부인들이 돌본다.

여기에서는 기치에로가(家)의 게다(gheda)를 구체적인 사례로서 들어보려고 한다. 가장인 기치에로는 추정 나이 45세 정도이고, 연기조(年奇組)의 멤버이다. 기치에로의 게다는 4개의 핵가족으로 구성되고, 14인이 거주하고 있다. 그 친족관계를 그림 4에서 보여주고 있

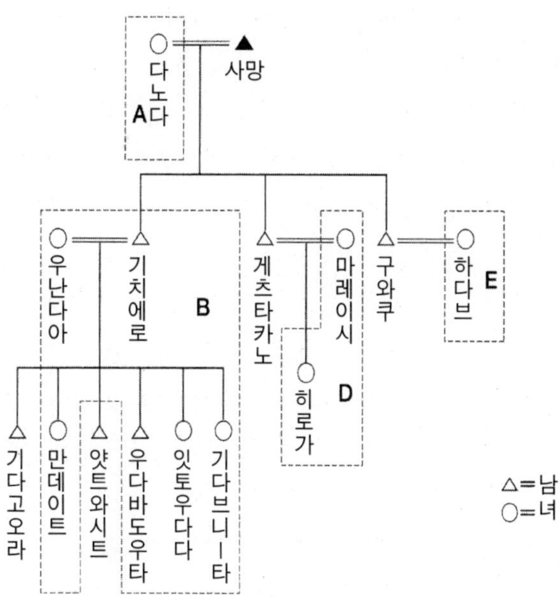

그림 4 기치에로가(家)의 가족 구성

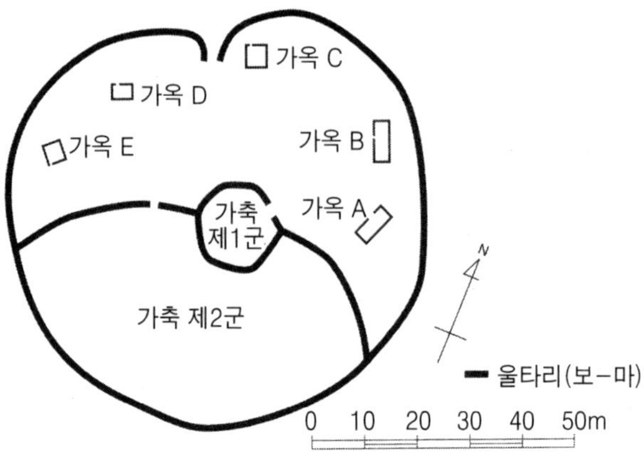

그림 5 기치에로가(家)의 집터

다. 그림 4에 기록된 알파벳은 집터를 보여준 그림 5 가옥의 명칭에 사용된 알파벳에 대응한다.

그림 5에 나타낸 집터는 인간의 생활공간과 가축을 위한 공간으로 대별된다. 방목 대상이 되는 가축 제1군의 대가축과 가축 제2군인 소가축은 뒤의 넓은 울타리로 구분된 가축을 위한 공간에 야간 수용된다.

사람의 생활공간 부분에는 집이 지워져 있다. 기치에로가의 가족은 핵가족으로 수는 4가족이지만 가옥 수는 5채이다.

다토가 족의 가옥은 장방형 또는 정방형 구도로 풀을 엮은 것 위에 흙을 놓은 평평한 지붕, 진흙을 칠한 벽이 있는 상을 엎어 놓은 것 같은 모양을 하고 있다. 집터 중의 가옥에는 「여자의 집」인 고리다와 「남자의 집」인 후란다(hulanda) 두 종류가 있다.

「남자의 집」인 후란다는 문에 가깝게 있고, 그 곳에는 집터를 함께 하는 성인 남성이 숙박하며 식사를 함께 한다. 후란다에 숙박하는 남성은 가족과 가축을 외적으로부터 방위하는 의무가 있으며, 집 안에는 창고가 설치되어 있다. 그 곳은 남성 손님의 접대소이고, 가까운 다토가 족의 남자와 꿀술이나 잡곡으로 만든 술을 마시기도 하고 여행객이 숙박하는 장소이기도 하다.

할례 전의 소년은 모친이 거주하는 「여자의 집」인 고리다에 숙박한다. 할례된 약자조의 견습 단계인 소년과 약자조의 멤버가 후란다의 주역이다. 남편 쪽 거주로 제1 부인의 장자 상속이 이루어지므로 약자조의 멤버는 처자가 있고, 맏형의 집터에 처자의 가옥을 만들며, 자신은 맏형의 집터에 있는 후란다에서 숙박한다.

그 중 아들도 할례를 받는 정도의 나이가 되면 맏형은 게다를 떠나서 자신의 집 터를 준비하고 독립하여 노년조의 멤버가 된다.

그림 5의 가옥 C가 기치에로가의 후란다이고, 여기에는 기다고오라, 얏트와시트, 겟타카노, 구와쿠 4사람의 남성이 거주한다. 가장인

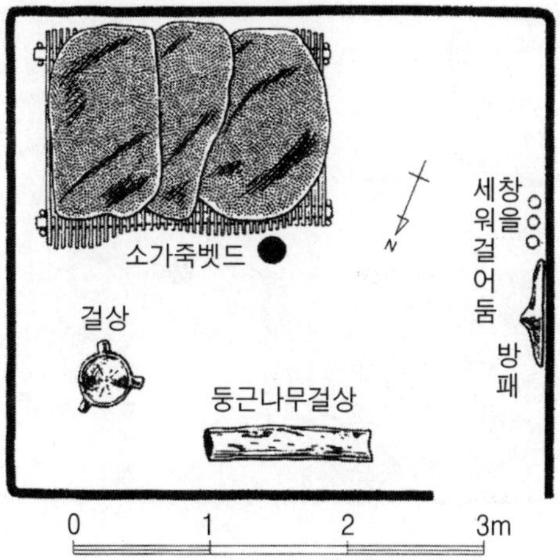

그림 6 기치에로가(家)의 남자 집(후란다)의 평면도

기치에로는 보통은 가옥 B에서 처와 딸들, 그리고 어린 아들들과 살고 있다. 그러나 다토가 족 일반에 대하여 말한다면 가장도 후란다에서 숙박하는 것이 보통이다(그림 6).

그림 5의 가옥 A, B, D, E가 기치에로가의 「여자의 집」인 고리다이다. 앞에서 보여준 기치에로의 집터에 사는 세대로부터 후란다에 거주하는 남자들을 뺀 사람이 각각의 고리다의 구성원이다. 기치에로의 경우는 처는 한 사람만이지만 복수의 처가 있는 사람은 집터에 처의 수만큼 고리다를 짓는다.

그림 7은 기치에로 둘째 동생의 처인 하다부가 관리하는 고리다이다. 가옥 내는 두 개의 공간으로 나누어져 있다. 집 밖에서 직접 들어갈 수 있는 둥글고 두꺼운 걸상이 있는 공간은 맷돌로 옥수수를 갈거나, 아이들과 식사를 하거나, 방문해 온 이웃의 여자들을 안내하는 여자의 거주 공간이다.

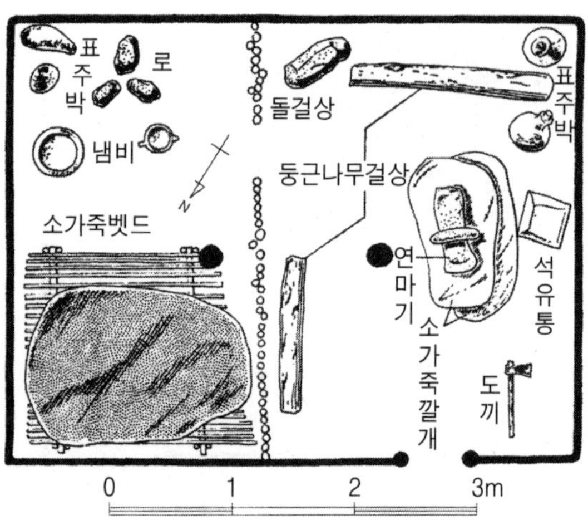

그림 7 기치에로가(家)의 여자의 집(고리다)

좌측 방은 화로(火爐)와 넓은 상 위에 소가죽을 깔아놓은 베드가 있는 부엌 겸 침실이다. 같은 집터에 살고 있는 사람들만 있으며, 외래자에게는 폐쇄된 공간으로 되어 있다.

이와 같은 집터의 공간 구성을 모델화한 것이 그림 8이다.

기치에로가 제1군의 가축 방목은 후란다에 거주하는 겟타카노, 구와쿠, 기다고오라 3인이 교대로 한다. 집 주변에서 제2군의 가축 방목은 후란다의 구성원으로 약자조 견습을 하는 얏토와시트의 역할이다. 제3군의 가축은 기치에로의 모친인 다노다가 거주하는 가옥 A에 수용되고, 오로지 두 번째 동생의 처 하다부가 돌본다. 그림 9의 「송아지의 집」에 제3군의 가축이 들어가 있다.

이렇게 보면 다토가 족의 게다(gheda)에서 가족이 사는 형태는 고리다에서는 어머니와 그의 딸 및 어린 아들이 살고, 성별에 따라서 분류되는 핵가족을 단위로 하는 사람들이 산다. 또 후란다에는 남성의 연령 집단의 원리에 따라서 분류되는 확대가족의 구성원이 산다

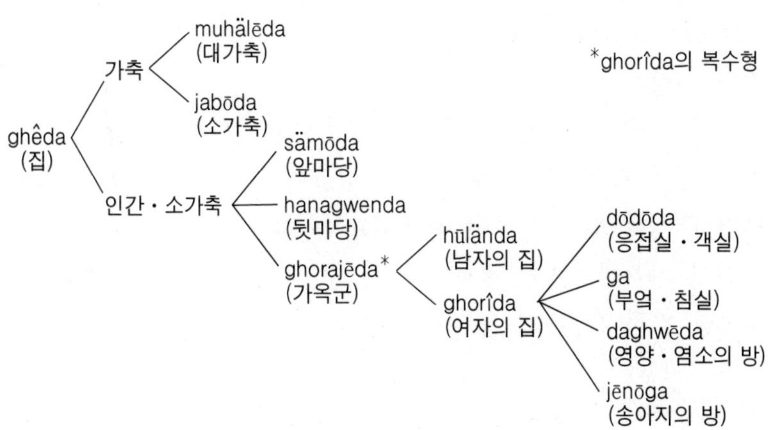

그림 8 다토가 족(族)의 집터의 공간 구성

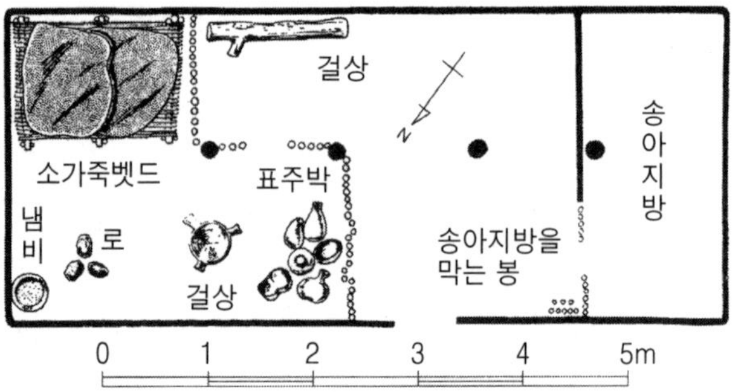

그림 9 기치에로가(家)의 여자의 집(고리다 가옥 A)

고 말할 수 있다. 그래서 이 확대가족의 거주 원리가 생업인 가축의 관리 역할 분담에도 대응하고 있는 것이다.

방목하러 나갈 수 있는 남자들의 식사는 아침, 저녁 2회이다. 아침에 가축을 방목하러 연달아 나가고, 저녁 집터에 돌아올 때까지는 먹지 않는다. 집에 머무르는 장로, 아이들과 여자들은 점심을 먹는다.

다토가 족이 착유하는 것은 소와 염소이며, 주된 착유 대상은 소이다. 착유와 요리는 여자의 일이고, 유즙과 가축의 고기는 다토가 족 본래의 식량이다.

그러나 주변 농경민과 접촉하여 옥수수를 얻기도 하고, 소규모의 옥수수 밭을 경작하는 다토가 족도 있으며, 조사 시점에서는 옥수수 가루가 주식화 되는 현상이 진행되고 있었다.

본인이 기치에로가에 체재한 12월 초순의 일주일 간 메뉴에는 매 식사마다 다음 3종류의 음식이 있었다.

- 옥수수가루를 끓여 반죽하여 소바가끼(메밀가루를 뜨거운 물로 되게 반죽하여 끓인 수제비 같은 식품) 상태로 만든 것

- 소의 생젖
- 우유를 저울로 달아 표주박제의 용기에 넣고 교반・방치해서 만든 표면에 크림이 뜨는 산유(酸乳)

이 외에 때때로 특별 요리로서 소금으로 절인 쇠고기를 버터로 익힌 것이 제공되는 경우가 있었다.

「여자의 집」인 고리다의 부엌에서 음식이 만들어지고, 각각의 고리다 구성원인 여자와 아이들이 공식을 한다.

「남자의 집」 후란다에는 식사 때가 되면 후란다 구성원의 처나 모친인 고리다, 즉 가옥 B, D, E에서 준비한 음식이 냄비나 표주박 용기에 담아져서 운반되어 온다. 이것을 상에 차려 놓고 다른 고리다에서 운반해 온 음식도 함께 손으로 집어 구별하지 않고 먹는다. 후란다의 구성원이 하나의 공식집단이 되는 것이다.

3) 모니 족과 다니 족

1963～1964년, 당시 서(西)이리안이라고 불리는 인도네시아령 뉴기니아(이리안지야)의 중앙 고지 우긴바(Uginba)에서 민족지적 조사를 하게 되었다.[*15)]

우긴바는 케마부(Kemabu) 강의 상류에 있으며, 강은 해발 약 2,100m의 고지에 위치하고 있다. 케마부 강의 계곡은 나무 높이 40m 정도인 상록 광엽수의 원시림으로 둘러싸여 있고, 연간 우량이 많으며, 나무의 줄기가 이끼로 뒤덮여 있는 이끼와 숲이 발달해 있다. 계곡 양측의 경사도 30～40도인 경사면에 화전과 가옥을 만들고 사람들이 생활한다.

우긴바 계곡에는 민족학적으로 산지 파푸아인(Moutain Papuans)의 그룹에 들어가는 모니(Moni) 족과 서부 다니(Western Dani) 족이 거주하고 있다.

케마부 강의 하류에 본거지를 둔 모니 족이 화전을 하면서 몇 세대를 거쳐서 최상류에 도달하여 취락을 형성하고 있는 곳이 우긴바이다. 원래는 모니족의 영역이었던 우긴바에 서부 다니 족이 이주해 온 것은 서기 1930년대로 추정된다. 우긴바의 동방 약 70km의 장소로부터 해발 4,000m의 고지를 넘어 온 것이 서부 다니 족이다. 이주해 온 최초에는 부족 간의 분쟁이 일어났으나 결국 해결되고, 서부 다니 족이 우긴바에 주거를 꾸미고 밭을 개간하는 것이 허락되었다.

계곡의 줄기를 따라 5km 거리 중간에 모니 족과 서부 다니 족의 가옥과 밭이 혼재하고 있다. 그러나 모니 족과 서부 다니 족은 거의 교섭을 하지 않고 살고 있다. 두 부족이 공동 작업을 하는 일은 거의 없고, 자존심이 강할수록 다른 부족과의 접촉을 피하려고 한다. 모니어(語)와 서부 다니 어(語)는 다른 언어이며, 교역 등으로 다른 부족 속에서 체재한 경험이 있는 사람이 통역을 하지 않고서는 의사소통이 불가능하다.

모니 족이나 서부 다니 족 모두 화전민이고, 주식인 고구마를 경작하는 정착 농경민이다. 부계의 혈연을 따르는 친족집단인 씨족을 형성하고, 다른 씨족으로부터 여성이 혼인해 들어오는 부방거주(夫方居住)의 족외혼(族外婚)을 하며, 일부다처제가 용인되고 있는 것, 나중에 설명하는 거주 공간에서 남녀 격리의 원칙이 있는 것 등, 사회를 이루고 있는 요소들 중 많은 것이 양측 부족 사이에 공통적이다. 농경기술, 요리기술 등 생활에 관한 기술이나 도구 등의 물질문화에 있어서도 큰 차이가 없다.

많은 공통요소를 가지면서도 그들 요소가 성립되는 방법이 다르므로 모니 족과 서부 다니 족의 사회구조는 정말 다르게 되어 있다. 그것은 구체적으로는 취락형태, 주거형태, 가족이 사는 방법 등이 다르게 나타난다.

서부 다니 족은 「남자의 집」을 중심으로 한 쌍분조직(双分組織, dual organization)에 근거한 사회를 형성한다. 민족학적으로는 사회의 구성원이 반족(半族, moiety)이라고 하는 두 개의 집단으로 분류되고, 두 개의 반족이 세트로서 기능하여 사회가 운영되는 사회형태를 쌍분조직이라고 한다. 쌍분조직의 현저한 하나의 형태로서 각 반족이 외혼(外婚) 단위를 구성하고, 같은 반족에 소속하는 남녀가 결혼하지 않으며, 다른 반족과 배우자를 교환하는 것이다.

서부 다니 족의 사회는 몇 개의 부계 씨족 집단으로 구성되어 있다. 우긴바에 거주하는 서부 다니 족은 와케르코와(Wakelkowa)라고 하는 씨족과 와닌보(Waninnbo)라고 하는 씨족 두 집단이 있다. 이 두 집단은 반족의 관계에 있다. 각각의 반족은 부계의 선조를 달리하는 혈연집단으로 와케르코와 씨족의 남자는 와닌보 씨족의 여자와 결혼한다.

우긴바에는 와케르코와 씨족의 취락과 와닌보 씨족의 취락이 있다. 두 개의 취락은 약 800m 떨어진 위치에 있다. 취락의 중심에 광장이 준비되어 있고, 어느 취락도 광장을 에워싸고 5채의 가옥이 있으며, 그 중 4채는 「여자의 집」, 한 채는 「남자의 집」이다.

「남자의 집」과 「여자의 집」의 가옥의 형태나 내부시설은 거의 다르지 않다. 그림 10에 나타낸 바와 같이 원형 프란, 이층으로 세워지고, 원추형의 짚 띠를 얹은 지붕이 있는 가옥이다. 일층은 작업장 겸 손님을 응접하는 장소이다. 이층 또는 지붕 속에 해당하는 장소는 침실이고, 직접 빛이 들지 않는 공간이므로 잘 때 이외는 사용하지 않는다. 일층, 이층 모두 중심부에 로(爐)가 준비되어 있다. 「여자의 집」의 일층에는 야간에 돼지를 수용하는 우리가 있는데 돼지를 보살피는 것이 여자의 일이기 때문이며, 「남자의 집」에는 돼지우리가 없다.

「남자의 집」에는 씨족의 남자 구성원이 모두 모여서 집단생활을 한다. 남자 어린이들은 모친인 「여자의 집」에 거주하나 그 후는 「남자

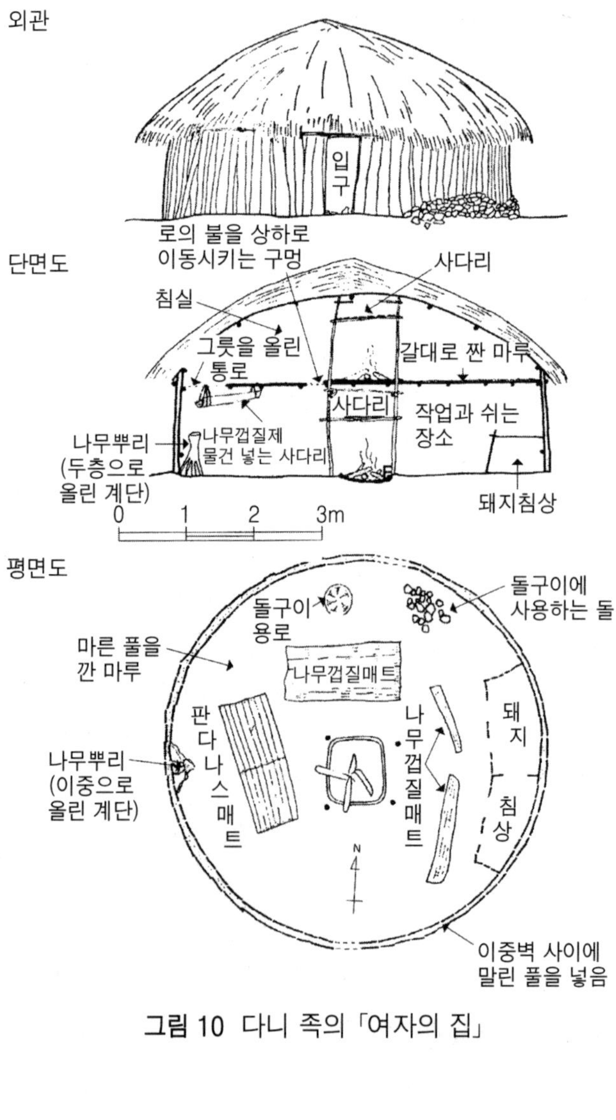

그림 10 다니 족의 「여자의 집」

의 집」에 숙박하게 되며, 죽을 때까지 「남자의 집」의 구성원으로 살아간다. 「여자의 집」에는 처, 딸, 남자 어린이가 생활한다.

조사 당시의 와케르코와 씨족의 「남자의 집」에는 9명의 남자가 생활하고, 4채의 「여자의 집」에는 6조(組) 가족의 여자, 어린이 합계 19명이 있었다. 6조라고 하는 것은 일부다처 가족을 남자 측에서 볼 때에 있는 것이며, 여자 측에서 보면 9조(組)의 처와 어린이 모두가 4채에 거주하고 있는 것이다. 그리하여 한 채의 「여자의 집」에 남편을 같이 하는 2조(組)의 처자가 거주하는 것만은 아니다. 같은 집에 한 사람의 남편이 2조의 처자와 다른 남자의 처자가 동거하고 있는 예도 있었다(그림 11, 좌하). 여자도 또한 합숙생활을 하고 있는 것이다.

계속 설명하려고 하는 것은 서부 다니 족과 함께 모니 족 모두 집 안에서 성생활을 하지 않는다는 것이다. 주간에 농사일을 하는 사이에 커플은 밭에 깔려 있는 원시림에서 잠깐 하는 것이다.

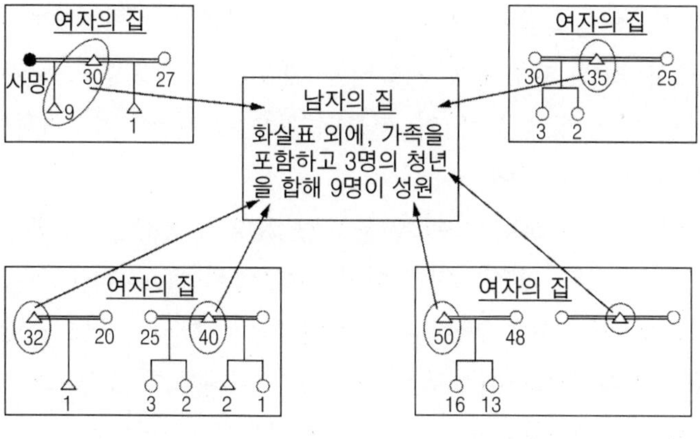

그림 11 와케르코와 씨족의 가족 구성과 살고 있는 상황

「남자의 집」에 같은 취락의 남성이 모여서 생활을 함께 하는 것은 파푸아・메라네시아 사회에서는 특이한 것이 아니다. 흔히 「남자의 집」이 남성의 비밀결사 조직과 겹치고, 여성에게 비밀스런 의례를 하거나 하는 예는 민족지(民族誌)의 가르침에 있다. 뉴기니아 고지에서는 동쪽에 분포하는 부족은 「남자의 집」을 갖는 사회를 만들고, 모니 족, 카포쿠(Kapauku) 족 등 서쪽의 부족에는 쌍분조직이나 「남자의 집」은 없다. 우긴바는 뉴기니아 고지의 동서 사회 유형이 보이는 장소이다.

일상생활은 가족 단위로 세워진 주거를 중심으로 펼쳐진다고 하는 통념은 서부 다니 족의 사례에서는 통용되지 않는다. 서부 다니 족의 생활에는 「남자의 집」을 중심으로 한 취락 구성원 전체의 공동성이 현저하게 보인다.

밭의 개간은 취락의 남자 모두의 공동작업으로 이루어진다. 큰 밭을 절개하여 주위를 목책으로 둘러싸고 취락의 밭을 만든다. 이 한 개의 목책으로 둘러싸인 취락의 밭을 남성들에게 분할한다. 남자들은 자신에게 할당된 밭을 처・딸에게 관리하도록 한다. 고구마를 심고 제초, 수확 등 농작물을 보살피는 것은 여자의 일이다. 결혼 시 혼인 비용으로서 처의 부친에게 지불하는 돼지는 해안지방으로부터 운반된 화폐인 자안패(子安貝)와 더불어 제일의 재산이며, 돼지를 보살피는 것은 여자의 일이다.

서부 다니 족과 모니 족이 이용하는 식량의 종류는 거의 같다. 작물로 제일 중요한 것은 고구마이고, 고구마의 잎도 식용한다. 그 외에 타로감자, 사탕수수, 바나나, 표주박, 광저기, 낙화생이 재배작물로 소량 재배될 뿐 밭의 대부분은 고구마가 차지하고 있다. 그 외에 잎이나 과일 등을 식용으로 하는 야생식물이 약 20종류 확인되었다.

동물성 식품의 소비는 현저하게 적다. 가축은 돼지뿐이며, 한 사람의 처가 1～3마리의 어미돼지를 사육하는 정도이다. 따라서 돼지고기를 자주 먹을 기회는 없고, 제사일이나 행사 때에 먹는 식품이다.

뉴기니아 섬은 동물분포로 말하면 오스트리아 구(區)에 속하기 때문에 수렵동물의 종류가 아주 적다. 키노포리 캉가루, 쿠스쿠스(소형有袋類), 들쥐, 모든 들새가 활과 화살로 수렵하는 대상이며, 포획량은 적다. 식량으로 이용한다고 하기 보다는 신체 장식 제품으로 사용하는 날개나 모피를 얻기 위한 수렵의 성격이 강하다. 그 외에 동물성 식량으로서 개구리, 벌집, 꿀과 유충, 하늘소 등의 유충, 바퀴벌레과의 성충 등이 있다. 해발 4,000m의 빙하에서 찬 물이 흘러오므로 우긴바 부근의 강에는 생선이 살 수 없기 때문에 동물성 단백질이 현저하게 결핍되는 식생활이다.

산지 파푸아 인의 문화에는 토기제작 기술이 없으므로 조사 당시는 끓이는 요리가 없었다. 직화(直火)로 굽거나 구운 돌을 이용한 요리가 있다. 조미료로서는 염천(鹽泉)에 만초를 담근 후 건조하여 굽고, 재속에 남은 소금 결정을 손으로 집어 요리에 넣을 뿐이다. 부족간 교역으로 얻을 수 있는 이 소금은 귀중품이며, 평소의 식사에는 사용되지 않는다.[*16)]

서부 다니 족의 하루 생활을 모식적으로 기술하려고 한다. 아침에 태양이 뜨면「남자의 집」앞에 취락의 거의 전원이 모여 거기서 담화하거나, 여자는 포대를 짜서 만들고, 남자는 화살 자루를 만드는 등의 작업을 한다. 태양이 높아지면 사람들은 연이어 밭으로 나가서 농사일을 한다. 오후 3시경 농사일을 끝낸 사람들이 취락 근처의 강가 모래밭에 모인다. 여자들은 밭에서 수확한 고구마, 고구마 잎, 광저기 등을 짠 포대에 넣고 등에 지고 강가로 간다. 이 때는 농사일에 가지 않은 취락에 남아 있던 아이들이나 노인도 참가하여 모두 모인다.

강가 모래밭에는 직경 약 1m, 깊이 50cm 정도의 굴이 여러 개 파여져 있다. 여기에는 수확한 고구마나 광저기 등을 넣고, 옆의 모닥불에서 뜨겁게 달구어진 돌을 몇 개 올려놓는다. 그 위에 백합과의 큰 잎을 놓고 흙으로 덮으면 흙 중에서 고구마나 채소가 훈증으로 구워진다.

이 돌 찜 요리는 여자들이 그날 수확한 것을 재료로 사용하여 만들어지는 것이다. 「여자의 집」에서 먹는 식량인 수확물의 일부를 남기고, 대부분은 공동의 지로(地爐) 중에 넣어진다. 누구의 처가 수확한 식량인가를 구별하지 않고 같은 지로에 넣어서 요리하고, 취락의 전원이 모두 같은 요리를 만들어 먹는다. 이것이 우긴바의 서부 다니족의 1일 1회 정식 식사이며, 혈연과 지연에 따라서 결혼하는 취락의 반족 전원이 하나의 공식집단으로 되는 것이다.

식사가 끝나고부터 일몰까지 오후의 후반은 남자들이 자신의 처가 있는 「여자의 집」을 방문해서 가족과 함께 지내는 경우가 많다. 일몰 후는 서부 다니 족, 모니 족은 함께 멀리 외출하는 것을 극도로 싫어한다. 밤에 요괴나 망령 같은 것들을 어둠 속에서 만날 위험이 있다고 생각하기 때문이다. 「여자의 집」에서 돌아온 남자들은 일몰 후 「남자의 집」에서 담소한다. 거기에 여자들이 아이들을 데리고 모여서 온다. 9시경 여성과 아이들이 돌아갈 때까지 「여자의 집」에는 거의 사람이 없다. 남자들은 무용담을 이야기하거나 남자들이 일제히 합창하거나 하면서 시간을 보낸다.

서부 다니 족의 정식 식사는 하루 한 번이라고 하였으나 그것을 「정식의 식사」라고 단정할 수는 없다. 본인의 편견으로 서부 다니 어나 모니 어의 회화 능력으로는 확인될 수 없었다는 사실이다. 강가 모래밭에서의 식사 이외에도 아침이나 저녁에 남자들이 「여자의 집」에서 처자와 고구마나 개구리 말린 것을 화로(火爐)에서 구워 먹거나, 밭에 나갈 때에 발화 도구를 가지고 가서 고구마를 구워 처자와 먹는 사례를 관찰하였다. 그러나 그것들은 정기적인 식사라고 하기 보다는 배가 고플 때에 먹는 스낵과 같은 성격이 강한 것으로 생각된다. 서부 다니 족에게는 강가 모래밭의 돌구이 요리가 우리들의 식사 개념에 해당하는 것이라고 생각된다.

「남자의 집」을 중심으로 취락 단위의 집단생활을 하는 서부 다니 족에 비하면 모니 족의 생활은 훨씬 가정적이다.

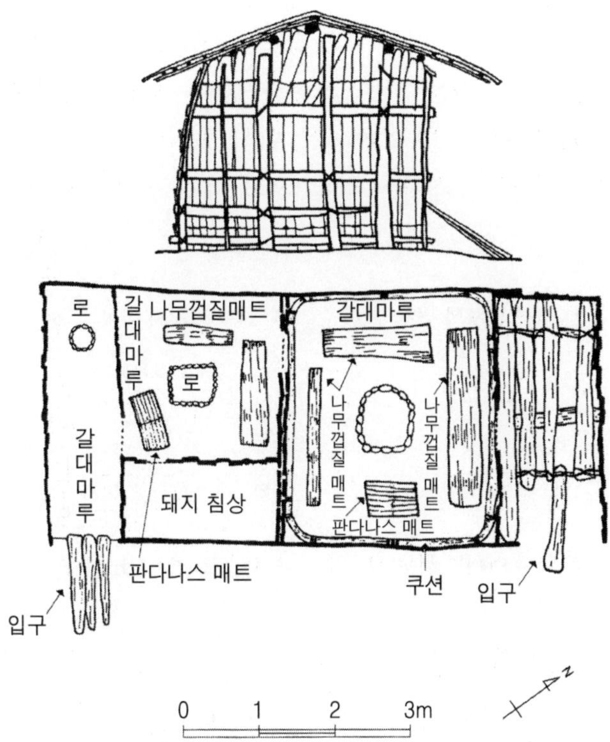

그림 12 모니 족의 주거(우측이 남자의 방, 좌측이 여자의 방)

그림 12에 모니 족의 가옥의 사례를 들었다. 장방형 구조가 맞배 지붕의 주거 형식이며, 내부 공간은 「남자의 방」과 「여자의 방」으로 대별되는 것이 보통이고, 인접하게 두 동의 가옥을 지어 「남자의 동」과 「여자의 동」으로 구성된 주거도 있다.

「여자의 방」에서는 처와 딸들과 남자 유아가 잠자고 일어난다. 남자의 방에서는 4~5세 이상인 가족의 남자 모두가 잔다. 일부다처(一夫多妻) 가족이 드물지 않지만 이 경우 각각의 처와 그의 딸들은 독립적인 방을 갖는다. 그에 대하여 어머니를 달리 하는 아들들은 아버지와 같이 「남자의 방」에서 산다. 그리고 한 동을 칸을 막아서 「남자의 방」 하나, 「여자의 방」 두 방으로 구성되는 주거도 있다. 예외적으로 가장과 그의 아들 부부, 또는 가장과 그의 형제 부부 2조가 「남자의 방」과 「여자의 방」으로 나누어서 동거하는 경우가 있다. 이들이 주거하는 방법의 모형을 모식적으로 그린 것이 그림 13에 있다.

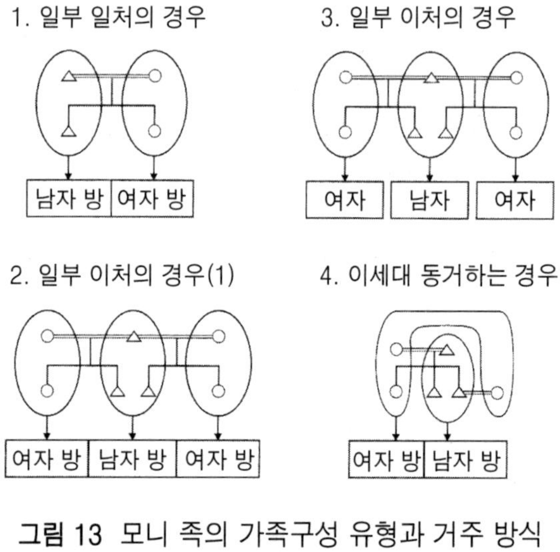

그림 13 모니 족의 가족구성 유형과 거주 방식

그림 12를 다시 보면 입구 근처에 「남자의 방」이 있으며, 이것은 가족 중 남자들의 생활공간인 동시에 남성 방문객을 접대하는 장소이기도 하다. 「남자의 방」에 구비되어 있는 로는 야간에 조명과 난방용으로 사용되며, 요리로는 고작 고구마를 굽는 정도를 할 뿐이다. 해발이 높고, 야간에는 기온이 10℃ 정도로 낮아져 아주 추우므로 하룻밤 동안 내내 화로의 불을 끌 수가 없다. 취침 시에는 「남자의 방」 입구와 「여자의 방」의 경계 입구를 나무판으로 안쪽에서 엄중하게 닫아 둔다.

부인의 「여자의 방」에 있는 로는 우천 시 또는 야간에는 취사장이 되나, 맑은 날에는 집 밖에서 취사를 하는 것이 보통이다. 「여자의 방」 한 구석에는 밤에 새끼 돼지를 수용하는 장소가 된다. 1층이 지상 침상인 서부 다니 족과 다르게 모니 족은 고상(高床) 주거이므로 큰 돼지는 밤에 침상 아래층에 수용한다. 주간에는 돼지를 집 밖에 풀어 사육하며, 먹고 남은 고구마 꼬투리 등의 먹이를 주며, 돼지를 보살피는 것은 여성들이 하는 일이다.

모니 족의 경우도 개간은 남자의 일, 농작물의 보살핌은 여자의 일로 되어 있다. 가족 단위로 농사일을 하므로 서부 다니 족의 집단농장인 넓은 밭에 비하면 모니 족의 밭은 작다. 「남자의 집」을 중심으로 한 집촌(集村) 형태의 거주양식인 서부 다니 족에 비해서 모니 족은 계곡 여기저기에 밭과 가옥이 점점이 존재하는 분산된 촌락을 형성하고 있다.

아침, 농사일 나가기 전과 야간의 취침 전에는 가족 전원이 「남자의 방」에 모여서 단란한 시간을 보낸다. 이 때 화로의 재속에서 구운 고구마 등을 가장이 분배한다. 식욕이 왕성한 소년・소녀에게 많이 분배된다. 그 때 전부 먹어 버리는 사람, 먹지 않고 자신이 휴대하고 있는 망태 주머니에 넣고 배가 고플 때 먹는 사람 등, 각자가 제멋대로 한다. 또 농사일을 할 때 밭에서 모닥불을 피우고 파묻어 고구마 돌 찜 요리를 하거나, 집에 돌아가서 자신이 먹을 만큼의 고구마를 화로에 굽는 사람도 있다.

이와 같은 개인적인 성격이 강한 식사에 대하여 가족이 공식하는 식사는 오후에 농사일이 끝나 밭에서 가정에 돌아온 때에 하는 것이다. 이 때에는 돌 찜 요리를 먹는 것이 보통이며, 고구마 외에 고구마 잎이나 야초, 버섯을 돌 찜한 부식의 음식도 제공된다.

가족단위의 공식집단을 형성하는 모니 족은 커다란 굴을 파고 구운 돌을 넣는 것은 그다지 하지 않는다. 폭 20cm 정도의 두꺼운 나무껍질을 이중으로 말아서 만든 직경 30～40cm 정도의 원통형의 틀을 사용한다. 틀의 중간에 백합과의 잎을 깔아놓고 거기에 고구마나 부식을 넣고 구운 돌을 놓으며, 그 위를 잎으로 덮어서 조리한다. 이 때는 같은 가옥에 거주하는 가족 모두 함께 먹는 것이 보통이다.

개개의 가족을 초월하여 공식집단을 형성하는 서부 다니 족에 비해서 모니 족의 경우는 가족이 기본적인 공식집단으로서 기능을 하고 있는 것이다. 서부 다니 족과 같이 가족이 일상적 공식의 기본적 집단 기능을 하지 않는 사회가 세계 속의 어디엔가 있다고 할 수 있는 재미있는 사례임을 마지막으로 덧붙여 둔다.

주(注)

*1 영장류의 식성에 대해서는 아래에 쓴 伊谷의 문헌에 실려 있다. 다만 최근 山極의 문헌에서는 저지대의 고릴라는 개미·흰개미 등의 곤충을 먹고, 오랑우탕이 곤충식·육식을 하는 것이 소개되어 있다. 또 영장류를 중심으로 한 동물의 먹이에 대해서는 西田 문헌과 山極 문헌이 참고 되었다.

伊谷純一郎 「靈長類の食」 石毛直道 編 「人間・たべもの・文化」 平凡社, 1980년

山極壽一 「サルはなにを食べてヒトになったか ― 食の進化論」 p. 57～58, 女子榮養大 學出版部, 1994년

西田利貞 「動物の 「食」に學ぶ」 女子榮養大學出版部, 2001년

*2 西田利貞・保坂和彦 「靈長類における植物分配」 西田利貞 編 「ホミニゼ-ション」 p. 256, 京都大學學術出版會, 2001년

*3 山極壽一 「家族の起源」 p. 38～39, 東京大學出版會, 1994년

*4 今西 논문에 시작하는 영장류에서의 가족의 기원에 대한 연구에 있어서는 *3의 山極 문헌과 다음의 今西, 西田 논문을 참조하였다.

今西錦司 「人間家族の起源 ― プライマトロジ-の立場から」 「民族學硏究」 25호, 1961년(「今西錦司全集」 제5권, 講談社, 1975년에 再錄)

西田利貞 「人間性は どこから來たか」 京都大學學術出版會, 1999년

*5 山極文獻 (*3), p. 156～157

*6 西田文獻 (*4), p. 136～137

*7 今村薫 「狩獵採集社會における 食とジェンダ- ― 性的分業と食物規制を中心に」 竹內惠 美子 編 「食とジェンダ-」ドメス出版, 1973년에 재록

*8 石毛直道 「台所文化の比較硏究」 「季刊人類學」 1권 3호, 京都大學

人類學硏究會, 1970년(石毛直道 編 「世界の食事文化」ドメス出版, 1973년에 再錄)

*9 幸島의 사례에 대해서는 「「ニホンザルのイモ洗い」 發見から50年」 이라고 하는 특집 기사가 있는 아래의 잡지를 참조하십시오.

「エコソフィア」 12호, 2003년

*10 西田文獻 (*4), p. 193～207

*11 西田文獻 (*4), p. 179～182

山極壽一 「靈長類における 茱食技術の進化」 西田利貞 編 「ホミニゼション」 p. 234～276, 京都大學學術出版會, 2001년

*12 휘오렌소・홧스키니 著, 片山一道 監譯 「人類の起源 ― 古人類學入門」 同朋舍出版, 1993년

*13 본고에서는 핫자 족과 다토가 족의 공식집단을 소개하기 위하여 필요한 최저의 민족지적 기술을 하는데 그치고 있다. 보다 자세한 정보가 필요한 독자는 아래의 2개 문헌을 참조하십시오.

石毛直道 「マンゴ-ラ村における 四つの生活様式」 今西錦司・梅棹忠夫 共編 「アフリカ 社會の硏究 ― 京都大學アフリカ學術調査隊報告」 西村書店, 1968년

石毛直道 「サバンナの住居」 「住居空間の人類學」 鹿島出版會, 1971년

*14 핫자 족의 수렵과 채집에 대하여 자세한 것은 아래의 문헌을 참조하십시오.

富田浩造 「ハツァビ族の生活と社會」 今西錦司・梅棹忠夫 共編 「アフリカ社會の硏究 ― 京都大學アフリカ學術調査隊報告」 西村書店, 1968년

*15 石毛에 의한 이 조사의 민족학적 보고 외의 것은 다음의 本多・藤木 문헌에 우긴바 사람들의 생활이 구체적으로 기술되어 있다.

石毛直道 「森林の住居」 「住居空間の人類學」 鹿島出版會, 1971년

石毛直道 「高地人の世界」 京都大學生物誌硏究會 編 「ニュギニア中央高地 ― 京都大學西 イリアン學術探險隊報告 1963～1964」 朝日新聞社, 1977년

本多勝一・藤木高嶺「ニュギニア高地人」朝日新聞社, 1964년

*16 石毛直道「Kumupaの鹽 — イリアン・ジャヤ中央高地の物質文化(1)」「國立民族學博物 館硏究報告」1권 2호, 1976년

제2장 식사양식의 유형

동아시아나 일본의 전통적인 식사양식을 논하기에 앞서 세계의 식사양식에는 어떠한 유형이 있는가 간단하게 설명하려고 한다.

식사양식이라고 하는 말은 다양한 의미로 사용되고 있다. 음식물 섭취의 유형, 하루의 식사 횟수, 행사식과 일상식, 일반 가정의 식사와 외식… 등, 또 각각의 문화에 의해 형성된 패턴화된 식사를 논할 때에도 「식사양식」이라는 말이 사용된다. 여기에서는 각각의 문화에서 일반적인 식사 때의 「규범적인 식사방법」을 식사양식으로 다루고자 한다. 즉 각 문화에서의 식탁 행동양식인 것이다.

이와 같은 의미에서 식사양식은 두 가지 측면으로 논할 수 있을 것이다. 한 가지는 식탁에서의 「행동방법」에 관한 문제이다. 또 한 가지는 식탁에서의 행동을 규제하는 「물리적 장치」, 결국 식사 도구의 설치에 관한 문제이다.

식사작법(食事作法)에 대해서 대표적인 「행동방법」을 논하기 시작하면 끝이 없다. 세계 각처의 개별 문화가 모두 고유한 「행동방법」의 규범을 가지고 있기 때문이다.

그에 비하여 식사에 관한 중요한 「물리적 장치」의 종류는 한정되어 있다. 식탁을 사용해서 식사를 하는가/사용하지 않는가, 바닥(상)에 앉아서 먹는가, 손으로 먹는가/도구를 사용해서 먹는가, 음식을 개인별 식기에 분배해서 배치하는가/공통의 식기에 담아서 먹는가…

라고 하는 것과 같이 먹기 위한 기본적인 도구 설치를 지표로 해서 세계 속을 유형화 할 수 있다.

식탁이라고 하는 「물리적 장치」를 주제로 해서 최종적으로는 근대 일본 문화에서 가정의 식사 장에서 「행동방법」의 변천을 생각하는 것이 본 책의 집필 목적이다. 다른 일을 제쳐놓고 「물리적 장치」의 세계적 유형을 확인함으로써 일본의 식사양식을 자리매김 해 두는 것이 논의를 진행함에 있어서 유리할 것이다.

1. 자세와 도구

1) 좌식과 의자식

선 채로 또는 드러누워서 먹는 것이 일상의 식사 규범이 되는 사회는 현재의 세계에는 존재하지 않을 것이다. 야외에서 웅크리고 앉아서 먹는다거나, 입식 파티와 같은 장면은 예외이며, 어떤 문화에서도 집안에서 행하는 보통의 식사는 앉아서 또는 걸상에 앉은 자세로 먹는 것이다. 여기에서는 땅바닥이나 마룻바닥에 무릎이나 엉덩이를 대고 앉아서 먹는 것을 「좌식」, 의자나 벤치 모양의 가구에 앉아서 먹는 것을 「의자식」이라고 표현한다.

인류 초기의 생활양식인 수렵채집 시대에는 좌식이 인류의 보편적인 식사 자세이었다고 생각된다. 민족지적 보고를 종합하면 현대에 이르기까지 일반적인 경향으로서 수렵 채집민과 유목민은 땅바닥이나 마룻바닥에 쿠션이 되도록 풀을 깔거나 깔개를 놓고, 그 위에 직접 엉덩이를 붙이고 식사를 하는 좌식이 보통이었다. 수렵채집과 방목이라고 하는 유동적인 생활양식에서는 지니고 다닐 때 운반하기에 불편한 가구가 발달하지 못한 것과도 관계가 있는 것은 사실이다.

제1장에서 소개한 수렵 채집민인 핫자 족은 주거 안의 땅바닥 위에 야수의 가죽이나 풀을 깔고 그 위에 엉덩이를 대고 좌식을 하지만, 깔개가 없는 집 밖에서 식사를 할 때에는 웅크리고 앉은 자세로 먹는다. 다토가 족은 목축을 생업으로 하지만, 유목민이 아니고 정주하는 목축민이다. 가옥의 바닥은 흙이며, 그 위에 둥근 나무를 놓아서 벤치같이 만들거나 목제의 작은 의자(스토르) 상의 걸상을 만들어 사용하고, 그 위에 엉덩이를 대고 식사를 하는 의자식이다.

뉴기니아 고지대의 모니 족과 서부 다니 족은 집안에서 식사를 할 때에는 마룻바닥 면에 깔아 놓은 나무껍질제 또는 판나스의 잎으로 만든 매트 위에서 좌식으로 식사한다. 취락민 모두가 모여서 낮에 한 번 갖는 공식은 집 밖에서 이루어지므로 그 때는 쪼그리고 앉아서 먹는다.

정주하는 농경민들도 침대나 높은 다리를 가진 책상 모양의 가구를 사용하지 않고 주거 내에 있는 마루를 생활평면으로 해서 마루에 침구를 깔고 자거나, 마룻바닥에 앉아서 작업하는 생활습관을 가진 사회에서는 좌식이 보통이다.

좌식 식사양식은 마룻바닥에 바로 식기를 차려 놓는 방식과 식탁 또는 식탁에 상당하는 식사 전용 기구·매트 등의 위에 식기나 음식물을 차려 놓는 방식으로 대별된다.

식탁을 사용하지 않고 식기를 직접 마룻바닥에 차려 놓는 것은 아프리카, 호주, 미국 대륙의 큰 부족사회와 북아프리카, 서아시아, 중앙아시아의 융단을 생활평면으로 하는 사회에서 일반적이다.

제1장에서 소개한 모니 족과 서부 다니 족에서는 식기를 사용하지 않고 식사를 한다. 화로나 돌 구이 요리를 하는 구멍이나 나무껍질로 만든 조리 용구에 손을 내밀어서 음식물을 집어 입으로 옮겨 넣는 것이다. 핫자 족은 모닥불에서 구운 고기를 화살촉으로 잘라 나누어서

손에서 손으로 분배함으로써 식기를 사용하지 않는 경우가 많으며, 농경민으로부터 얻은 옥수수가루로 만든 요리는 표주박을 둥글게 자른 용기에 넣어서 먹는다. 우유나 산유(酸乳)를 마시는 다토가 족에 있어서 표주박제의 용기는 식사의 필수 용구이다. 이들 네 종류의 사회에서는 어느 곳에도 식탁은 없다.

당연히 좌식으로 하는 식사에서의 식탁은 일본의 각상, 두레 반과 같이 키가 낮은 것이다. 동아시아에서 사용되는 키가 높은 다리가 달린 식탁은 고대 중국의 안(案)에서 시작하고 한반도, 일본에서 발달하였다. 타이·라오스의 일부 지방에서도 다리가 달린 두레 반 모양의 식탁이 사용되고, 모로코·이집트에서도 융단 위에 소형의 키가 낮은 식탁을 놓고 식사를 한다.

일본에서는 다리가 없는 쟁반모양의 식탁은 얕은 테를 두른 모난 나무쟁반이고, 나라시대부터 사용되어 현재에도 다회(茶會)의 식사에 사용되고 있다.

인도에서는 타리라고 하는 금속제의 대형 쟁반에 음식물을 놓아 상 위에 올려놓고 먹는 식사양식이 행해지고 있다. 타리와 같은 큰 쟁반에 음식물을 담고, 융단 위에 놓아서 좌식하는 것은 서아시아에서도 보인다. 서아시아에서는 금속제의 쟁반에 둘러앉아 손을 내밀어서 먹는 공식용 식기인 것에 반하여 타리는 각상과 같은 개인별 식탁이다.

호주, 동남아시아, 남아시아의 일부 지방에서는 바나나 잎을 상 위에 깔고 거기에 음식물을 담거나, 코코넛 야자 잎으로 짜서 만든 매트 모양인 것에 음식물을 놓는다. 한 번 쓰고 버리는 식탁이라고 말할 수 있는 것이다. 나중에 다시 설명하겠지만 고대 중국에서도 런쳔·매트 모양의 식탁이 있었다.

의자, 벤치, 스토르 등에 걸터앉아서 하는 식사는 높은 테이블 상태의 식탁 사용을 전제로 한다. 다만 땅바닥 위에 직접 앉지 않고 벤치나 스토르 상태를 사용해도 그 걸상의 높이에 따라서는 좌식과 다르지 않은 경우도 있다.

제1장에서 소개한 핫자 족, 다토가 족이 거주하는 망고라 촌의 반농 반목민인 이라크 족, 농경민인 수와히리는 다토가 족과 같은 베드 모양의 침대를 사용하고, 집 안에서는 목제 스토르나 벤치, 둥근 나무를 옆으로 누인 것 등에 앉아서 생활한다. 이들 좌구는 높이 20cm 전후의 키가 낮은 것으로, 책상이나 상의 종류는 세트가 아니며, 식탁을 사용하지 않고 식사를 한다. 예를 들면 수와히리의 주거에서는 스불리니(sebuluni)라고 하는 거실 겸 손님방인 공간에서 식사를 하는데, 땅바닥에 돗자리를 깐 위에 스토르를 놓고 앉거나, 돗자리 위에 직접 놓은 식기나 냄비에 손을 내밀어 집어 먹는 것이다. 즉 걸터앉아서 좌식을 하는 사회도 존재하는 것이다.*1)

의자 등받이와 팔걸이를 갖춘 쉐프는 고대 동양에서 왕후나 귀족 등 권위를 상징하는 가구로서 출현했다고 한다. 고대 그리스에서는 의자가 시민 생활에 채용되어 일상생활에 사용된 실용가구가 된 것이다. 유럽 각지에서 다이닝・룸에 키가 높은 「가장(家長)의 의자」가 있었다는 것은 의자가 갖는 권위성을 나타내는 잔유물로 생각할 수 있을 것이다. 식탁에서 고기를 썰어 나누어 분배하는 것은 가장의 역할이었다.

의자식이 먼저 발달한 곳은 의자, 테이블, 베드를 사용하고 마룻바닥보다도 높은 생활평면에서 살아가게 된 유럽에서부터 이루어졌다. 고대의 그리스, 로마에서는 향연 식사 때에는 침대와 같은 모양의 누운 의자에 눕거나, 중앙 테이블에 있는 음식을 고용인에게 가지고 오게 하여 먹었다고 알려져 있다. 다만 평소의 식사는 의자, 스토르에서 먹는 것이다. 이렇게 누워서 먹는 식사는 중세 유럽에서는 계속되지 않았다.

유럽 문명을 모델로 하고 근대화와 더불어 세계 각지에서 사무실·학교·병사 등 공적 기관에서 의자, 테이블을 사용하게 되었다. 그것이 가정생활에도 침투하고, 의자와 다이닝·테이블에서 식사를 하는 양식이 보급되고 있는 중인 것이 현대 세계이다.

2) 먹는 도구

현재 세계 인구의 약 40%가 손으로 집어 먹는 수식이고, 젓가락으로 먹는 사람들과 나이프·포크·스푼으로 먹는 사람들이 각각 30%라고 한다.

오랜 동안 인류가 보편적으로 먹는 방법은 수식(手食)이었고, 현재에도 아프리카 대륙, 서아시아, 인도아 대륙, 동남아시아, 중남미의 원주민 사이에는 수식이 일반적이다. 손으로 먹는 데 있어서도 그만의 변하지 않는 작법이 있는데, 이슬람·힌두 문명에서는 식사 전후에 손을 씻고, 왼손을 음식물에 닿지 않게 하는 등의 룰이 지켜지고 있다.

젓가락 사용은 중국에서 시작되었으며, 전국(戰國)시대 경부터 젓가락을 사용한 식사방식이 보급되었다. 숟가락은 중국의 신석기 시대의 것이 발견되고 있으며, 은(殷)시대 경부터 보급되었다고 생각된다. 전한(前漢) 말에는 숟가락과 젓가락을 병용하여 식사하는 풍습이 있었다는 것을 알 수 있다. 현대의 중국에서는 젓가락은 밥이나 부식물을 집기 위한 도구이고, 숟가락은 국물이 많은 음식 전용의 식사 도구이며, 숟가락으로 밥을 먹는 것은 죽이나 볶음밥에 한정되어 있다. 그러나 명대(明代)가 될 때까지는 숟가락으로 밥을 먹었다는 것이다.*2)

한대(漢代)에 한반도에 설치되었던 낙랑군(樂浪郡)의 중국인 관료는 젓가락을 사용하고 있었을 것이다. 한반도 민족의 젓가락 사용을 확인할 수 있었던 가장 오랜 증거는 522년에 건조된 백제의 무령왕릉에서 출토된 청동제 젓가락과 숟가락이다. 그때부터 현재에 이르기까지 한반도에서는 젓가락과 숟가락 두 가지를 가지고 식사하는 전통이 계속되고 있다. 정식 작법으로는 밥과 국이나 찌개(국물요리)는 숟가락으로, 반찬은 젓가락으로 먹는 전통이 있다.

일본에서는 고고학적 유물로서 젓가락이 발견되는 것은 7세기 말부터이고, 민중이 젓가락을 사용하기 시작한 것은 8세기이다.[*3)] 나라・헤이안 시대의 궁정문화에서는 젓가락과 숟가락을 병용하는 향연이 이루어지고 있었으나, 민중에게는 숟가락이 보급되지 않았던 것이다. 율령제의 붕괴와 더불어 상류계급에서도 숟가락을 사용하지 않고 식사하게 되었고, 일본인은 식사를 젓가락만으로 먹게 된다.

젓가락을 사용해서 식사를 하는 풍습은 역사적으로 중국 문명의 영향이 강한 지역, 즉 중국・한반도・일본・베트남 북부로 보급되었다. 몽골・티벳드에도 젓가락이 알려져 있으며, 민중의 평소 식사는 손으로 먹는 것이지만, 면류를 먹는 때나 상류계급이 중국요리를 먹는 때에는 젓가락을 사용한다.

유럽에서는 식탁에서 나이프와 스푼을 사용하는 풍습이 예로부터 있었으나 오랫동안 손으로 음식을 집어 먹었다. 나이프, 스푼도 식사에 참가하는 사람 전원에게 나누어지는 것은 아니었다. 후에 설명하는 것과 같이 가장이 고기를 썰어서 나누어 가족에게 분배하는 가장권의 상징으로서의 나이프는 식탁에 한 개 놓여 있을 뿐이었다.[*4)] 중세 식탁에서 포타쥬를 담은 볼에 한 개의 스푼을 곁들여서 떠먹는 것을 반복하는 것이 실시되었다.

음식물을 자르는 데 사용하는 포크 모양의 식도구가 중국에도 존재하였다. 신석기 시대부터 원(元)대까지의 골제나 금속제 포크 모양의 식도구가 발견되고 있으나, 그 사용이 일반화되지 못하고 사라져 버린 도구가 되고 말았던 것으로 보인다.*5) 유럽에 있어서 최초의 포크 사용은 중세 이태리 반도에서 시작되고, 18세기에 상류계급의 식사방법으로 되었다. 지역 차이는 있으나 민중의 생활에서 각자가 나이프, 포크, 스푼을 사용해서 식사를 하게 된 것은 19세기에 이루어졌고, 벽지에서는 19세기 말까지도 손으로 먹는 식사방법이 남아 있었다.

구미의 식민지가 되었던 수식권(手食圈)에서 나이프, 포크, 스푼의 세트를 사용해서 식사하는 풍습이 상류계급 사람들의 식사와 유럽요리의 외식으로부터 보급되었다. 그러나 젓가락 문화권에서 나이프, 포크, 스푼을 사용하는 것은 유럽 요리를 먹을 때로 한정되고, 전통요리의 식사에는 사용되지 않는다.

현재 동남아시아 각지에서는 외식의 경우와 도시민의 가정에서는 식사 시에 오른손에 스푼, 왼손에 포크를 가지고 먹는 방식이 계속 보급되고 있다. 또 중국 기원의 요리인 면류를 외식하는 때에 젓가락이 사용되는 것을 잘 볼 수 있다.

일반으로 식사도구를 가지고 식사하는 풍습이 정착되면서 손으로 먹는 수식을 얕보게 되었고, 식사도구를 사용하여 식사하는 방식이 문명화된 행위이며, 수식은 야만이라고 하는 관념이 생기게 되었다. 「魏志倭人傳」에 왜인은 수식을 한다고 기록되어 있는 것도 이와 같은 문맥에 근거하는 기술이다. 한편 일본에서는 유럽인과 최초로 만났던 種子島에 포르투칼 인이 표류한 때의 기록인 「鐵炮記」에서 포르투칼 인은 「그는 먹을 때 손으로 먹지 젓가락질을 하지 않는다」고 하여 야만인 취급을 받았다고 기록하고 있다.

2. 상차림의 유형

1) 공간 전개형과 시계열형

식사에 있어서 음식을 차리는 방법, 즉 상차림 법을 대별하면 공간 전개형(展開型)과 시계열형(時系列型) 두 종류로 유형화할 수 있다.

공간 전개형이라는 것은 먹는 사람의 앞에 모든 음식을 한번에 차려 놓는 상차림 방식이다. 시계열형은 한 가지의 요리를 먹고 난 후에 다음 요리가 나오는 것을 말하며, 시간이 경과됨에 따라 계속 요리가 등장하는 상차림 방식이다.

일본의 전통적인 상차림 법은 공간 전개형을 기본으로 하고 있다. 상 위에 한 번의 식사에서 먹어야 하는 주요한 음식물을 전부 차려서 대접하는 것이다.

고대 귀족의 연회인 대향연에서 다이반(台盤)이라고 하는 큰 식탁이 사용되었다. 한 개의 다이반을 몇 사람이 둘러앉아서 먹는 것인데, 주요한 요리는 한 사람 앞에 1인용씩 배열하였으므로 각상 차림을 이어 놓은 것 같은 형식의 식사이다. 다만 술잔이 돌아올 때마다 대접되는 요리도 있으므로 熊倉功夫는 대향연 요리는 본인이 말하는 공간 전개형을 기본으로 하면서도 시계열형도 공존하고 있다고 설명하고 있다.*6)

중세에 시작된 각상 차림의 연회 요리인 혼젠(本膳) 요리에 있어서는 혼젠 이외에 두 번째 상, 세 번째 상이 시간의 경과에 따라 제공된다. 그러나 각상 차림 단위로 보면 여러 가지 요리가 한 번에 차려지는 공간 전개형의 상차림이고, 또 식사를 하는 사람의 앞에 놓인 여러 가지 요리를 치우지 않고 놓아두는 요리가 공간에 전개된 상태이므로 기본적으로는 공간 전개형이라고 말해도 좋다.

모모야마(桃山) 시대에 다도에 수반하여 등장한 가이세키(懷石)는 시계열형의 상차림으로 현대 요정요리의 상차림에도 영향을 주고 있다. 그러나 가정의 일상적인 식사는 공간 전개형을 기본으로 하고 있다.

후에 설명하는 것과 같이 동일한 요리를 사용해서 식사하는 한반도의 상차림은 공간 전개형이고, 중국에서도 의자, 테이블 방식의 식탁의 출현 이전에는 공간 전개형이었다고 생각된다. 아프리카 대륙, 서아시아, 중앙아시아의 좌식권에서도 공간 전개형이 기본이다.

시계열형 상차림법의 전형은 현재 구미의 정식 식사에서 볼 수 있다. 즉 오드블, 스프, 생선요리, 고기요리…라고 하는 식으로 음식을 제공하는 순번이 정해져 있고, 한 음식을 먹고 나면 접시를 치우고 다음 요리 접시가 나오는 상차림법이다. 이 러시아식 서비스라고 하는 상차림 법은 1880년경에 프랑스에서 연회요리나 레스토랑의 식사에 채용되었고, 이후 구미에서 규범적인 식사양식으로 확대되었다.

그 전의 제1, 제2 제정시대 연회석에서 베푼 프랑스식 서비스라고 하는 것은 한번에 모든 요리를 식탁에 놓아두는 상차림 법(즉, 공간 전개형), 요리를 두 가지의 군으로 나누어서 먼저 제1군의 요리를 식탁에 차리고, 제1군의 요리가 종료되면 제2군의 요리를 차려서 서비스하는 법(즉, 공간 전개형과 시계열형의 병용)이고, 요리를 3군으로 나누어서 3회 상차림 하는 방법이 있었다고 한다.*7)

몇 종류의 요리가 코스의 순서에 따라 식탁에 제공되는 것은 서구에서도 손님을 초대한 때나 레스토랑의 식사에 있었다. 현재 영국에서 일반 가정의 보통 식사는 한 접시 요리인 경우가 많고, 그것을 다 먹고 요리의 접시가 치워지면 디저트가 제공된다.*8)

시계열의 식사를 운영하기 위하여서는 요리를 따뜻하게 해야 하고, 그릇에 담고, 부엌에서 식탁으로 요리를 운반하는 고용인 또는 식사에 참여하지 않는 가족이 있어야 하는 것을 전제로 한다. 고용인이 없는 가정에서 시계열형의 식사가 가능하려면 가스나 전기의 열원에서 간단하게 조리될 수 있는 부엌설비가 충실하고, 식탁과 조리대가 인접하여 배치된 주거양식 등이 구비되어 있을 필요가 있다.

따라서 근대 이전에 시계열의 상차림이 될 수 있는 것은 고용인이 있는 부유한 계급의 가정이나 향연・외식 등에 한정되어 있었다. 또 남녀가 함께 식탁에 같이 있지 않는 풍습이 있는 지방에서는 주부가 서비스하는 사람이 되어서 시계열의 식사가 제공되었다.*9)

공간 전개형을 기본으로 하는 일본의 가정이지만, 과거 4반세기 동안에 시계열형의 상차림도 해보려는 시도가 계속되었다. 고용인이 없는 가정에서 뜨거운 요리를 식지 않게 하고, 찬요리는 차게 하여 먹는 것이 가능하게 된 것은 냉장고나 전자레인지 등의 부엌용 전자제품, 다이닝・키친 방식의 보급에 의한 것이다. 또 가정에서 저녁에 반주를 하는 경우가 많아지고, 술안주와 밥반찬을 때를 달리 하여 식탁에 차리는 가정도 많아지고 있다.

2) 개별형과 공통형

개별형이라는 것은 요리를 개인별 식기에 나누어 담아서 상차림 하는 방식이다. 그것에 대해서 공통형이라는 것은 공용의 식기에 담은 요리에 둘러앉아 식사하는 사람들이 같은 그릇에 손을 내밀어 집어 먹는 방식을 가리킨다.

공통형은 옛날 세계 여러 지역에서 보급된 것으로 생각되며, 현재에도 아프리카, 서아시아, 중앙아시아, 호주 등에서 기본적인 식사방식으로 되어 있다.

구미에서도 한 사람당 개인 접시에 담아 나누어서 상차림 하는 러시아식 서비스가 보급되기 이전은 공통형의 식사이었다. 다만 빵은

한 사람당으로 분배되고, 오트밀과 같은 죽상의 음식은 개인별 식기에 담았다는 것과 같이 공통형을 기본으로 하면서도 주식에 해당하는 음식은 개인 분배로 되었다.

독일의 부루죠아 가정의 식탁에 관한 논문에 의하면 1875・1912・1934년의 농촌 가정의 식탁풍경을 묘사한 일러스트를 검토할 때 그 사이에 거의 변화가 없었고, 테이블 크로스가 없는 간단한 테이블에서 한 개의 볼에 담은 음식을 먹는다고 하였다. 지방에서는 1930년대가 되어서도 공용의 보울에 담아 먹는 것을 좋아한다고 하였다. 독일의 사회학자이면서 철학자인 짐멜은 1910년에 개인 접시에 나누어 담고, 한 사람씩 나이프, 포크, 스푼을 놓고 먹는 식사는 근대화와 더불어 「개인주의의 미학」을 보이는 것이라고 서술하고 있다.[*10)]

미크로네시아나 폴리네시아는 바나나 잎 등에 담은 음식물을 둘러앉아 손을 내밀어 집어 먹는 공통형 식사의 전통이 남아 있는 지역이다. 그러나 결혼식 등 많은 사람들이 참가하는 행사식에서는 코코넛 잎으로 짠 소형의 런천・매트에 한 사람 마다 음식물을 나누어 담는 개별형 상차림이 행해진다.

동북 타이, 북 타이, 라오스에서의 일상 식사는 공통형이지만, 행사식이나 옛날 왕이 신하에게 배식(陪食)을 내리는 것과 같은 때에는 칸토쿠라고 하는 칠기인 작은 원형의 개인상에 개인별 상차림을 하였다고 한다. 의례적인 장에서의 식사는 질서를 생각하여 음식의 분배를 관장하고, 상호 간섭을 배제하는 개별형이 채용되었을 것이다.

일본의 전통적인 상차림 법은 개별형으로 철저한 것이었다. 모든 음식물을 개인별 식기에 나누어 담고, 그것을 개인별 식탁인 각상 차림으로 한 것이다. 가정의 일상 식사에서 공통의 식기가 사용된 것은 사발에 담은 쯔께모노(漬け物)를 돌리는 정도의 것이었다. 옛날의 일본과 같이 개별형인 상차림이 된 것은 먼저 설명한 타리를 사용한

힌두 문화에 의한 것이다.

후에 상세하게 설명하지만, 한반도의 양반 가정의 전통적 상차림법은 가장이 독좌상(獨座床) 또는 독상이라고 하는 한 사람용 상에서 먹기 때문에 개별형이다. 성인은 한 사람 한 상이라고 하는 것이 대접성 있는 상차림이나, 두레 반이라고 하는 성과 세대를 같이 하는 가족들이 둘러앉는 식탁이나 겸상이라고 하는 2인용의 식탁을 사용하는 경우도 많다. 또 손님에게는 교자상이라고 하는 여러 사람이 둘러앉는 식탁이 이용된다.

두레 반, 겸상, 교자상에서 하는 식사의 경우는 밥과 국은 개인별로 나누어 담지만, 그 외의 부식물은 공용의 식기에서 먹게 되므로 개별형과 공통형이 혼재하는 형식의 식사이다. 현재 중국에서는 밥과 국은 개인별 식기에 나누어 담고, 그 외의 요리는 공용 식기에서 젓가락으로 집어 먹는 것이 보통이다.

개별형 상차림에는 음식이나 식기를 매개로 하여 위생상의 문제인 물리적 오염만이 아니라 심리적인 오염을 방지하려는 의도가 잠재해 있는 것일 것이다.

개인별 상차림을 하는 힌두 문화는 「정(淨)/부정(不淨)」에 관한 관념이 발달해 있다. 음식을 통해서 캬스트 간의 오염 가능성을 피할 수 있도록 인도에서는 1회용 그릇이 잘 이용되고 있다. 하위 캬스트 사람이 사용한 식기를 사용하면 부정이 감염된다고 하여 노점에서 음식물을 잎으로 만든 그릇에 담는다거나, 찻집에서는 홍차를 유약을 바르지 않고 초벌로 구운 컵에 제공하고, 마시고 나면 바로 버린다. 외식의 경우에는 오염의 우려를 없애기 위하여 요리사는 최상위의 캬스트인 부라만이 하는 일로 되어 있다.

일본에서 심리적인 「부정」에 대한 배려를 상징하는 것이 젓가락이다. 가족 사이에서도 「누구의 젓가락」이라는 전용 사용자가 정해져 있고, 다른 가족이 사용한 것을 사용하지 않는다. 옛날에 본인이 근무했던 대학에서 반 정도의 학생들이 일본인의 청결관에 관하여 앙케트 조사를 받은 적이 있다. 그 중에 「자신의 몸에 지니고 있는 물품을 타인에게 빌려 준다고 하는 상황을 설정하였다. 사용 후 깨끗이 닦아서 되돌려 받았으나 그것을 다시 사용하는 데 심리적으로 저항감이 강한 것은 무엇일까?」라고 한 취지의 설문이 있었다. 그 회답을 집계해보니 하반신에 직접 입었던 하의인 팬티류와 젓가락이 가장 강한 저항감을 느끼게 하는 품목이라는 결과를 보였다.

공통 식기에서 음식물을 집을 때에는 자기 젓가락을 직접 사용하는 것은 나쁘고, 나눔 젓가락이라고 하는 누구에게도 소속되지 않는 중립의 젓가락을 사용하는 풍습이나, 사용하고 버리는 나무젓가락인 와리바시가 일본에서 만들어지게 된 이유이다. 젓가락을 통해서 타인의 인성이 입으로부터 감염되고, 더러워지는 것을 방지하려는 것이다.

메이지(明治) 시기에서부터 스키야키가 기숙사나 동아리 내의 연회에서 유행하게 되었다. 냄비요리는 필연적으로 젓가락을 매개로 냄비 속에 많은 사람의 인성이 섞여 버린다. 그것을 무리하게 함으로써 연대감을 강화하는 효과가 얻어진다는 것이다. 성(性)으로 예를 든다면 난교(亂交) 파티와 같은 것이라고 하면 정곡을 찌르기에 과한 것일까?

후에 설명하는 것과 같이 일본에서는 젓가락 뿐 아니라 식기에도 「누구의 그릇」이라는 것과 같은 전용으로 사용하는 자가 정해져 있다. 중국의 가정에서는 젓가락이나 식기가 「누가 사용하는 것」이라고 하는 것이 정해지지 않는다. 한반도에서는 숟가락, 젓가락과 밥그릇, 국그릇만은 사용자가 정해져 있다. 결혼해서 들어오는 때에 남편의 식기를 가지고 오고, 아이들이 한 사람으로 식사할 수 있게 성장하면 밥그릇, 국그릇, 숟가락, 젓가락을 주는 풍습이 있으므로 누가 사용하는 것인지가 식별될 수 있다고 한다.

심리적인 요인 외에 개별형 상차림의 기능에는 경제적인 요건이 존재한다. 개인별로 차리는 것이므로 한 사람당의 분량이 정해진다. 그래서 후에 설명하려고 하는 두레 반이 일반화 된 후에도 가정에 고용인이 있는 경우에는 할당을 주는 식사로서 각상이 오래 지속된 것이다. 또 한 사람을 단위로 하여 요금을 받는 레스토랑이나 식당의 식사는 개별형을 원칙으로 하고 있다.

3. 식사양식의 매트릭스

표 2는 식사에서 자세와 식도구의 관계를, 표 3은 상차림의 유형을 보이고 있다. 표 2는 「좌식」과 「의자식」이라고 하는 자세와 「수식」「젓가락(숟가락도 포함)」, 「나이프・포크・스푼」의 식도구별로 지표로 한 매트릭스이다.

표 3은 「개별형」과 「공통형」이라고 하는 식사 때의 음식 분배법과 「공간 전개형」과 「시계열형」이라는 음식 상차림 법의 차이를 지표로 한 매트릭스이다.

표 2와 표 3을 합성하면 표 4의 매트릭스가 될 수 있다. 즉 횡축에는 알파벳으로 기록된 표 2의 여러 유형을, 종축에는 숫자로 기록한 표 3의 여러 유형을 배치함으로서 합계 24의 식사양식의 유형을 표시한 것이 표 4이다.

현실적으로 식사양식을 관찰해 보면 이 24유형에 들어가지 않는 식사방식도 있고, 복수의 유형을 병용하는 식사방식도 존재한다. 그럼에도 불구하고 세계의 식사양식을 거시적으로 비교하는 하나의 틀로서 이와 같은 매트릭스를 사용하여 세계의 주요한 식사양식을 유형화하여 자리매김 할 수 있다.

예를 들면 유럽 중세의 일상식사는 표 2에서는 [의자식, 수식]인 B, 표 3에서는 [공통형, 공간 전개형]인 2라고 생각된다. 이 유형은 표 4에서는 B2 난에 해당한다. 그것이 근대가 되면 표 2에서 [의자식, 나이프·포크·스푼]인 F, 표 3에서는 [개별형, 시계열형]인 3에, 따라서 표 4에서는 F3으로 변한다. 즉 B2→F3이라고 하는 이행을 이루고 있다.

	좌식	의자식
수식	A	B
수(저)	C	D
나이프, 포크, 스푼	E	F

표 2 식사의 자세와 식도구

	개별형	공통형
공간 전개형	1	2
시계열형	3	4

표 3 상차림 방법의 유형

	A	B	C	D	E	F
1	A1	B1	C1	D1	E1	F1
2	A2	B2	C2	D2	E2	F2
3	A3	B3	C3	D3	E3	F3
4	A4	B4	C4	D4	E4	F4

표 4 식사양식의 유형

동일하게 일본인의 식사양식 변천에 대하여 말한다면 고훈(古費) 시대까지는 표 4의 A2[좌식, 수식, 공통형, 공간 전개형]이던 것이 그 후에는 표 4의 C1[좌식, 젓가락, 개별형, 공간 전개형]으로 변하고, 그것이 전통적인 식사양식으로 정착되었다.

다이닝·테이블과 의자에서 식사하는 가정이 많아진 현대에는 표 2의 D[의자식, 젓가락]이 주류이다. 부식을 담은 큰 접시에 직접 젓가락으로 집어서 먹는 방법이 잘못된 방법으로서 없어지고, 따뜻한 요리는 따뜻한 상태에서, 찬요리는 찬 그대로 먹을 수 있도록 제공하는 시계열형 상차림인 표 3의 4[공통형, 시계열형]으로의 이행현상이 나타난다. 다만 주식과 국은 한 사람 것으로 담아 나누는 것이 보통이고, 공간 전개형도 건재하므로 기본적으로는 표 4의 D1[의자식, 젓가락, 개별형, 공간 전개형]으로 한다라고 하면 일본인의 식사양식은 A2→C1→D1로 변천하였다고 표현할 수 있다.

사실, 이와 같은 매트릭스를 사용하지 않고도 식사양식을 개별적으로 기술하는 것으로 본 책은 만족한다. 이 매트릭스를 나타내는 것보다 다양한 유형의 식사양식을 정리할 수가 있다. 이와 같은 틀이 있어서 식사양식의 지역 비교, 시대적 변천, 가정의 일상 식사와 행사식 또는 외식과의 비교가 가능한 것을 보여 주고 싶고, 좀 더 큰 표를 만들고 싶다.

주(注)

*1 石毛直道「住居空間の 人類學」p. 101～103, 鹿島出版會, 1971년

*2 青木正兒「用匙喫飯考」「青木正兒全集」제9권, 春秋社, 1970년

*3 佐原眞「箸と茶碗」「食の考古學」東京大學出版會, 1996년

*4 계속하여 말하면 일본 가족의 식사에 있어서 분배법은 주부에게 있고, 주부 권한의 상징이 밥을 담아 나누는「주걱」으로 되었다.

*5 知子「中國古代餐叉考察」「中國烹飪」제1기, 中國商業出版社, 1986년

*6 熊倉功夫「日本料理文化史ー懷石を中心に」p. 151, 人文書院, 2002년

*7 辻靜雄「辻靜雄著作集」p. 316～327, 新潮社, 1995년

*8 영국 북부 다람(Durham) 시에 거주하는 지인이 조사해 준 것에 의한 것이다.

가정에 손님을 청할 때의 식사에는 우선 소파가 있는 방에서 차나 와인을 마시고 나서 테이블이 있는 식당으로 이동하고, 디저트나 커피는 그대로 테이블에서 마시거나, 소파에서 편안하게 마시는 식으로 식사 전후에 공간 이동이 많다고 한다.

*9 옛날 프랑스의 민중생활에서는 여자들이 남자들과 함께 식탁에서 식사하지 않고 남자들만이 가장과 함께 식사를 하며, 여성은 남자들에게 시중을 들었다고 한다.

A・부아라니야크, M・C・부아라니야크 著, 臟指不三 譯「ヨーロッパの庶民生活と傳承」p. 119, 白水社, 1980년

*10 Hans-Jugen Teuteberg, "The German bourgeois family at the dining table : structural changes of meal manners, 1880～1930" Martin R. Scharer and Alexander Fenton(eds), *Food and Material Culture ; Proceeding of the International Com-mission for Reasearch into European Food History*, p. 134, 146, 148, Tuckwell Press, 1998

제3장 동아시아의 가족과 식탁

전통적인 일본인 식사양식에 영향을 주어 온 것은 말할 것도 없이 젓가락과 밥공기를 사용하는 동아시아의 식사문명이다. 지리학적으로는 동남아시아가 되는 베트남 북부도 식사문화의 전통이라고 할 수 있는 젓가락을 사용하는 동아시아 식사 문명권에 속한다. 다만 베트남과 일본 사이에 식사문화의 직접적인 교류관계는 거의 없었다.

그래서 역사적으로 중국문명을 담당한 한족(漢族)과 조선족(한국에서는 韓族이라 함)의 식사양식의 변천과 현상을 간단히 소개함으로써 동아시아에 있는 일본인 식사양식의 공통성과 독자성을 생각하는 실마리로 삼으려 한다.

일본과 비교하는 데 필요한 것은 중국, 한반도의 가족과 일본의 가족 차이이다. 중국, 한반도는 종족(宗族)이라고 하는 강고한 부계 친족집단이 발달한 전통을 가진 사회이다.

조상을 같이 하는 사람들은 「이(李)」「임(林)」「진(陳)」「정(鄭)」.....이라고 하는 동성을 이름 위에 올리고 그의 성은 부친에게서 아이들에게 계승된다. 결혼한 후에는 남편 쪽의 성을 이름 위에 올리는 일본과 다르며, 결혼 후에도 여성은 죽을 때까지 생가의 성으로 통하며, 남편과의 사이에 태어난 아이들은 남편 쪽의 성을 이어받는다. 데릴사위 결혼의 관행이 없으며, 동성불혼(同姓不婚)의 원칙이 철저하므로 처녀는 다른 성의 종족에게 며느리로 들어가고, 조상으로부터 전하는 성을 계승하는 것은 남성 만에 의한다. 성만이 아니고 재산이나 지위도 부친에게 상속・계승된다.

부계 상속을 원칙으로 하는 무사의 제도를 근본으로 「메이지(明治) 민법」이 제정되었으므로 근대 일본사회의 표층은 부계원리로 마무리 되었다. 그러나 일본의 친족원리 기층에는 아버지 쪽과 어머니 쪽 쌍방을 자기가 소속하는 친족으로 보는 쌍계제(双系制)가 있다고 생각된다.

단계(單系) 혈연집단이라고 하는 부계 또는 모계 쪽의 계보를 따르는 사회에서는 수십 세대 이전의 종족 창시자를 정점으로 하는 피라미드형의 친족집단을 형성한다. 그것에 대해서 쌍계제의 사회에서는 자기를 중심으로 하는 친족관계의 네트워크가 형성된다. 쌍계제에서는 자신에 의해서 어머니의 아버지는 할아버지이고, 그 것은 어머니 쪽의 사촌에 있어서도 같다. 그러나 아버지 쪽의 사촌에 있어서는 혈연관계가 없는 타인이 된다. 쌍계제에 있어서는 친족의 범위가 각각의 개인에 따라서 다르며, 몇 세대까지도 계승되는 일족이 강고하게 통합되는 친족집단으로 되지 않는다.

쌍계제인 일본에 비하여 중국이나 한반도의 전통적인 부계 종족은 지극히 강고한 친족집단이며, 확대 가족을 형성하는 경향이 강하다. 남성은 결혼 후에도 처자와 함께 양친과 같은 집에 거주하는 대가족제가 발달한다. 화남(華南)에서는 일촌이 동성의 종족에 의해서 이루어지는 「단성촌(單姓村)」이 형성되는 예도 있다.

이와 같은 부계의 종족을 기반으로 하는 사회의 규범적 이데올로기가 된 것은 도덕의 「효(孝)」를 내걸고, 「남녀별」 「장유별(長幼別)」을 강조하는 유교이었다. 다음의 기술에서 보는 것처럼 유교가 설명하는 가족윤리는 중국, 한반도에서 역사적으로 식사의 장에도 반영되고 있다. 그에 대하여 유교 이데올로기에 의해서 국가가 운영된다거나, 유교가 가족생활의 행동규범이 되지 않고, 유교는 지식인의 교양에 머물렀던 것이 전통적인 일본사회라고 본인은 생각하고 있다.[*1)]

1. 중국

현재 중국에서 한족(漢族)의 식사는 일반적으로 의자와 테이블을 가지고 행하고 있다. 그 때 밥공기, 국그릇, 작은 접시, 젓가락, 숟가락은 개인별로 놓여진다. 그러나 누가 사용할 식기라는 것이 정해지지 않은 것이 보통이다. 예를 들면 본인이 관찰한 협서성(陝西省)이나 산동성(山東省)의 농촌 가정에서는 대나무 통에 세워져 있는 여러 개의 젓가락 중에서 적당히 집어서 사용하는 것이다. 밥과 국은 각각 먹지만 그 외의 부식은 큰 접시나 사발에 담아서 같이 직접 젓가락으로 집는 것이 보통이다.

후에 설명하려는 칸탄(炕卓)에서 먹는 식사를 말하면 기본적으로는 [의자식, 젓가락, 공통형]이다. 다만 공간 전개형인가, 시계열형인가에 대한 문제가 남는다. 레스토랑이나 연회석의 요리는 시계열형으로 편성되고 있으나, 차례차례로 운반되어 나오는 식사가 끝날 때까지 탁상 위에 남아 있게 되므로 여러 개의 요리가 공간을 차지한다. 가정에서의 일상식사는 공간 전개형으로서의 성격이 강한 것이라고 생각된다. 기본적으로는 공간 전개형이고(표 4의 D2), 웨이터를 사용하는 레스토랑이나 풍요한 계층의 사람들의 식사는 시계열형(표 4의 D4)으로 재편성되는 것으로 생각된다.

당・송 대에 서방에서부터 전해진 의자, 테이블을 사용하는 생활이 보급되었다고 말할 수 있다. 그러면 그 이전의 식탁은 어떤 것이었을까? 그것을 알기 위한 자료는 역사적 문헌에 기록된 사실이나 고분의 화상석 등에 남아 있는 회화(繪畫) 자료에 한하므로 상류계급 사람들의 연회석 식탁에 대해서만 언급될 수밖에 없게 된다.

전국(戰國)시대 말에 성립하였다고 하는 「周礼」 司几筵에 주식(酒食)을 함께 하는 의식의 자리에 대하여 설명되어 있는데, 그것에 의하면 흙바닥부엌에 돗자리나 모피로 된 깔개 위에 앉아서 식사를 하고, 거친 돗자리를 깔고 그 돗자리 위에 포개어 놓는 돗자리를 석(席)이라고 하였다. 후세가 되어서 연회를 연석(筵席, 宴席)이라고 말하게 된 연유이다.

田中淡이 원대(元代) 이전 중국의 식사문화에 관한 회화 자료를 집성한 노작(勞作)인 「고대 중국 화상(畵像)의 할팽(割烹)과 음식」에 의하면 후한(後漢)시대와 그 시대에 이어지는 위진(魏晋)시대의 연식도(宴食圖)에도 음식을 만드는 사람은 흙바닥부엌의 깔개 위에 꿇어앉아[궤좌(跪座), 일본에서 정좌와 같은 앉는 방법] 있다고 하였다.*2)

회화 자료에 나타나는 식탁은 안(案)과 반(盤)이다. 「急就篇」의 주(註)에 의하면 「다리가 없는 것은 반, 다리가 있는 것은 안」이라고 되어 있다. 즉, 쟁반모양으로 다리가 없는 식탁이 반이고, 다리가 붙은 책상모양의 식탁이 안이다.

후한시대의 요령성(遼寧省) 요양봉태자(遼陽棒台子) 1호 묘의 벽화 포주도(庖廚圖)에는 방형으로 된 사각의 안(案)이 4조이고, 원형으로 삼각 또는 사각의 안(案)이 5조 포개어져 쌓여 있는 정경이 있다.

부엌에서 안에 상을 차려 식사하는 곳으로 운반하므로 안이 사용되지 않는 때에는 부엌에 쌓아 두게 되었을 것이다(그림 14). 「史記」 장이전(張耳傳)에 「장(張) 자신들의 안으로 식사를 올린다」라고 되어 있으므로 일본의 「올리는 상」 「내리는 상」과 같이 신분이 있는

그림 14 요녕성(遼寧省) 요양봉태자(遼陽棒台子) 1호 묘의 벽화 포주도(庖廚圖)(後漢)

사람에게는 고용인이나 집안사람이 안을 운반한다는 것을 알 수 있으며, 「後漢書」 양홍전(梁鴻傳)에서 「처(妻)가 안을 들어 눈썹 높이와 같이 한다」라고 전해오는 이야기에서 눈높이로 상을 들어 올려 가지고 운반하는 예법이 있었던 모양이다.

후한의 산동성(山東省) 가상무사화상석(嘉祥武祠畵像石)의 연음도(宴飮圖)에는 돗자리 위에 정좌하고 있는 사람 앞에 음식을 차린 원형의 상이 놓여져 있고, 후한 후기의 산동성 제성양태화상묘(諸城涼台畵像墓)·연음도(宴飮圖)에서는 원형 상에 식기를 놓고 부엌으로부터 운반하는 심부름꾼이 묘사되어 있다.

이렇게 보면 소형 상인 안과 둥근 쟁반형을 한 반은 그 위에 음식을 담은 식기를 놓고 부엌에서 운반하여 식사하는 사람 앞에 고정시켜 개인용의 식탁으로 사용하는 방법도 되고, 일본의 개인상이나 오리시키(折敷)와 같은 성격의 식탁도 있다.

연음도(宴飮圖)에 나타난 것은 한 사람 분의 식사를 놓은 식탁만이 아니다. 후한의 사천성 성도봉황출토화상(成都鳳凰出土畵像)의 연음도 경우는 좁고 긴 깔개 위에 나란히 앉은 두 사람의 인물이 마주보고, 그 한 가운데에 키가 낮은 좁고 긴 사각의 상이 놓여 있다. 즉, 4인이 하나의 식탁에 둘러앉아 있는 것이다.

또 흙바닥의 깔개 위에 앉는 것만이 아니라 길쭉한 걸상(緣台)과 같은 키가 낮은 방형이나 장방형을 한 앉는 도구 겸 침대인 쇼우(牀)나 토우(榻, 쇼우가 가늘고 긴 것을 토우라고 함) 위에 정좌하고, 그 앞에 음식을 차린 상을 놓은 연음도도 후한부터 위진(魏晋)대에 몇 개가 보인다. 몇 사람이 한 개의 상을 앞에 놓고 있는 그림도 있고, 이와 같은 경우는 상 위에 음식을 놓고 운반하는 것이 아니고 연회장에 처음부터 놓여 있는 상 위에 상차림을 한 것이다.

현재와 같이 의자나 스토르에 앉아서 테이블에서 식사를 하게 된 것은 의자, 테이블, 침대의 생활로 변한 북송 때부터이었다고 전해오고 있다.[*3)] 최근의 연구에서는 당(唐)대의 귀족에게 의자 사용이 보급되고, 중당(中唐) 이후가 되어 상류・중류계급이나 관리의 집에서 의자를 사용하는 생활로 변하게 되었다.[*4)] 田中淡의 연음도에 의한 고증에서 당대(唐代), 오대(五代)에서부터 전적으로 테이블 식사를 하는 정경이 묘사되고 있는 것이 분명해지고 있다.

여하간에 의자에 앉아서 먹는 식사법이 일반화하면서 먼저 개인단위로 음식을 분배하고, 일본의 각상 차림에도 공통하는 상차림법인 개별형이 소멸하여 앞에서 설명한 것과 같은 현재의 식사양식으로 되었다고 생각된다.

황토고원에서 동북지구에 걸쳐 있는 지대에서는 갱(坑)을 난방으로서 사용하고 있다. 갱은 한반도의 온돌과 같은 원리의 난방시설이지만, 중국의 갱은 방의 흙바닥에 불을 때는 아궁이가 있고, 같은 방의 한 단 높은 장소가 갱으로, 신발을 벗고 갱에 오른다. 갱은 그 위에서 수면이나 휴식을 하는 것만이 아니고 식사의 장이기도 하다. 갱탁(坑卓)이라고 하는 소형으로 키가 얕은 두레 반 모양의 식탁이 이용되고, 갱(坑) 위에 앉은 사람들이 그것을 둘러앉아 식사를 한다.

황토고원에 위치하는 협서성(陜西省) 북부의 미지현(米脂縣)의 농촌가정에 수일간 머무른 때가 있었다. 이 가정에서는 가장부부와 아이 둘과 가장의 부친 등 5명의 가족이 갱탁(坑卓)에 둘러앉아 식사를 하고 있었다. 갱에 불을 때는 겨울철에는 키가 낮은 두레 반 상인 갱탁을 갱(坑) 위에 놓고 책상다리를 하고 식사를 한다. 본인이 방문한 여름에는 갱탁을 흙바닥에 놓고 손으로 만든 스토르에 앉아서 식사를 하였다(사진 1).

마을에서 중간 정도의 생활수준에 위치하는 이 가정에서는 숟가락이 두 개 뿐이었다. 작은 사기 숟가락형인 도자기로 만든 숟가락 한 개와 양식기의 금속제 스푼 한 개이었다. 이들의 숟가락은 장유나 요리의 국물을 음식에 얹을 때에 휘저어주는 데 사용하며, 스프나 면류, 국물이 많은 밤죽 등을 먹을 때에는 식기를 입에 대고 들이마신다. 이 지역에서는 숟가락이 식사의 필수품이라고 하는 것은 새삼스러운

사진 1 갱탁을 흙바닥에 놓은 식사(陜西省 米脂縣 楊家溝村)

것이 아니었다.

해방 후의 중국에서는 가족이 동시에 같은 식탁을 둘러앉아 먹는 것이 보통이었다. 그러나 옛날 남녀 차별을 중시하는 가족제도 아래에 있는 대가족에서는 남반(男班)과 여반(女班)으로 나뉘어져서 식사를 하고, 남자 아이는 어머니의 손을 떠날 수 있을 때 남반에 가담하게 된다.

天野元之助의 보고에 의하면 제2차 세계대전 이전의 하북성(河北省) 곡양(曲陽)의 대가족 중 남자의 예를 보면 결혼한 지 15년이 되었지만 부인과 아이들의 집안 식구 끼리만 식사를 한 적이 없다고 하였다. 또 대만의 대가족에서도 옛날에는 주부가 노인 또는 남자와 같은 식탁에서 식사하는 것이 허락된 것은 일 년에 한 번, 즉 그믐날 밤의 식사에 한하였다고 한다.[*5)]

본인이 산동성 제남시(濟南市) 교외의 농촌에서 들은 예에서는 해방 전에는 부자 가정에서 남자와 여자가 같은 식탁에서 식사하지 않고 별도로 먹었으며, 그 때 여자는 가족인 남자의 식사가 끝나면 남은 것을 주로 하여 식사를 하였다고 한다. 다만 가난한 촌민의 가정에서는 모양새와 상관없이 같은 식탁에서 식사를 하였다고 한다.[*6)]

구체적으로 보고된 예는 그다지 많지 않지만 옛날 중국의 대가족에서는 가족은 성별의 공식집단으로 나누어지나 남녀 별도로 식사하는 경우가 많았을 것이다. 대가족으로 이루어진 여러 명의 처들이 교대로 또는 특정의 처가 식사를 만들고 상차림 하였다. 남성이 식사를 끝낸 후 여성들과 남자 어린아이가 식탁에 앉아서 식사를 하는 것이다.

2. 한반도

조선시대 이전의 한반도 식탁의 실태에 대하여는 불분명한 부분이 많다. 한반도의 식생활 문화사의 제1인자인 이성우(李盛雨) 교수에게서 들은 바로는 삼국시대에는 다리가 없는 1인용 상차림, 다리가 있는 안 모양의 상차림, 고구려의 벽화에서 보여지는 걸상과 세트가 되어 있는 테이블 모양의 식탁 3종류가 존재하였다.

바닥에 앉아서 먹는 현재까지 계속되고 있는 식사방식이 확립된 것은 그 기반을 주의해 보면 절대적으로 온돌의 보급을 무시할 수 없다. 고대에는 북부 고구려에 중국의 동북지구와 기원을 같이 한다고 생각되는 갱이 있었으나, 남부의 백제, 신라에는 온돌계의 난방시설이 전파되지 않았다. 온돌이 한반도 남부까지 전해진 것은 고려시대이고, 제주도에는 근세에 와서 전파되었다고 한다.*7)

한반도에서 전통적인 식사방식에 깊은 영향을 준 또 하나의 요인은 남녀 장유의 차별을 강조하는 유교사상이다. 16세기 전반의 중종시대부터 「주자가례(朱子家禮)」가 조선조의 숭유주의(崇儒主義)의 기반으로 일반 민중에게도 침투해 들어가 이 시대부터 현대까지 이어지는 식사방식이 성립된 것으로 생각할 수 있다는 것이 이성우 교수의 의견이다.

온돌의 바닥면을 생활평면으로 하여 좌식을 하고, 유교사상을 바탕으로 형성된 가족질서를 지탱하고 있는 한반도의 식사방법을 한국동란 이전의 옛날 양반계급 가정에서 예를 들어 설명하려고 한다. 이하는 본인이 한국의 궁정요리의 전승자인 황혜성(黃慧性) 교수에게서 들은 것을 요약한 것이다.*8)

한반도에서는 일본에서 상차림에 사용하는 식탁을 상(床) 또는 반

(盤)이라고 한다. 상면에 허리를 대고 책상다리를 하거나, 한쪽 무릎을 세우고 앉아서 사용한다. 장방형, 십이각형, 원형 등 여러 가지 형태의 식탁이 있다. 이들의 식탁은 일본의 상이나 두레 반에 비하여 다리가 높다. 한반도의 식사작법에서는 식기를 손으로 집어 올려서 먹지 않는다. 식기를 식탁에 둔 그대로 젓가락, 숟가락으로 음식을 집어 먹는 것이다. 이와 같이 먹는 방법에서는 식기와 입의 거리가 가까울수록 좋으므로 일본보다도 키가 높은 식탁이 되었다고 본다.

가장 정식인 식탁은 독좌상(獨座床), 줄여서 독상이라고 하는 1인용 식탁이다. 옛날은 손님에게는 독상을 사용하고, 1인 한 상 차림으로 하는 것이 정식 접객법이었다. 겸상이라고 하는 것은 두 사람이 서로 마주하고 사용하는 상차림으로, 장방형인 것이 보통이다. 둥근상(周床)은 큰 두레 반과 같은 식탁으로 성(性)이나 세대가 같은 가족이 둘러앉는 상차림이다. 교자상(交子床)이라고 하는 큰 식탁이 있으나 본래는 손님용인 것으로 여러 사람들이 둘러앉아서 사용한다.

식사양식의 물리적 장치로 말한다면 [좌식, 젓가락, 공간 전개형]이지만, 어느 상을 사용하는 카테고리에 속하는 사람인가에 따라서 개별형(표 4의 C1)과 공통형(표4의 C2)으로 나누어진다.

사용하는 상차림의 종류, 식사 장소, 식사의 순서를 규정하는 것은 유교사상을 바탕으로 하여 만들어진 가족 그룹핑의 원칙이다. 각 가정의 가족구성에 따라서 식사를 함께 하는 사람들의 관계는 다르나, 여기에서는 비교적 단순한 가족 구성을 하고 있는 양반의 3세대 가족의 예를 들어서 식사와 관련 있는 사람들을 분류하면 다음과 같다. 즉 ① 조부모, ② 가장, ③ 아들들, ④ 딸들, ⑤ 주부, ⑥ 고용인이다.

다음으로 식사와 관련된 공간의 구별을 설명하자면 잘 알려진 바와 같이 양반 집의 주거 공간은 남녀 격리 원칙에 따라 일관되고 있다. 즉 사랑방이라고 불리는 가족 중 남성이 거주하는 장소와 내당이라고 하는 가족 중 여성이 거주하는 공간이 동을 달리하여 떨어져 있다. 큰 집에서는 은퇴한 조부모는 별당이라는 별도의 동에서 거주한다. 또 성인이 되기 전의 남자 아이들(총각)은 사랑방 옆의 별도의 동에서 사는 경우도 있다. 고용인들은 행랑이라고 하는 담에 붙은 작은 방에 거주한다.

그런데 식사 때에는 다른 동의 부엌에서 조리한 음식을 차려 놓고 각각의 방으로 운반하며, 그 순서는 정해져 있다. 우선 주부는 별당의 조부모와 가장이 있는 사랑방에 음식상을 운반한다. 가장은 각상인 독좌상에서 먹는다. 조부모가 다 있으면 겸상으로 마주 보고 먹지만, 이때는 조부가 먹기 쉽도록 상차림 해 둔다. 조부모와 가장의 상차림에는 가장 좋은 죽이 차려진다. 그것을 다 먹지 않고 조금 남겨 두는 것이 식사법이다. 윗사람이 먹은 다음 그 나머지 음식이 아래 사람의 상에 차려지는, 음식이 「아래로 내려가는」 풍습이 있기 때문이다.

어린 손자를 불러서 조부모가 함께 먹는 경우도 있다. 손자와 조부모의 경우라면 두 세대 차이가 나므로 공식 할 수 있지만, 한 세대 밖에 차이가 없는 사람끼리 같은 식탁에 둘러앉는 것은 허락되지 않는 것이 원칙이다. 예를 들면 양반 가정의 전통적인 식사법에서는 조부와 아버지가 함께 식사를 하는 것은 있을 수 없는 것이다. 부계의 대가족 경우에서 말하면 며느리는 며느리끼리, 그의 아이들도 세대에 해당하는 소녀는 소녀끼리, 미성년 남자들은 남자끼리 식사를 하는 것이다. 다만 또 혼자서 식사를 할 수 없는 유아는 세대에 해당하는 모친과 식사를 하며, 어머니와 딸의 경우는 약식으로 같은 식탁에 둘러앉는 경우가 없는 것은 아니다.

조부모와 가장의 식사가 끝난 후 다른 동에 있는 남자아이들에게 식사가 운반된다. 이 때는 사람 수에 따라서 겸상, 두레 반도 사용된다. 남자아이들이 끝난 후 내당에서 딸들의 식사가 이루어진다. 가족의 식사가 끝난 후 주부의 식사 차례가 되지만, 이 때는 내당에서가 아니고 부엌바닥에서 먹는 것이다.

행랑의 고용인들은 가족과는 다른 요리를 먹지만, 그 때 독좌상이 사용되지 않고 적어도 두 사람이 함께 겸상을 사용하는 식사형태이다.

일반 민중의 전통적인 식사 경우에 가족 내의 세대 차는 무시되지만 남녀의 차이는 지켜진다. 즉 남자는 사랑방이라고 하는 남자의 방에서, 여자는 안방이라고 하는 여자의 방에서 각각 큰 두레 반에 둘러앉아서 식사를 하는 것이다. 이 때 며느리와 시어머니가 같은 식탁에 둘러앉는 때에는 며느리는 자신의 식기를 식탁 아래에 놓고 먹는다. 시어머니와 같은 식탁에 둘러앉지 않는다고 하는 것은 세대가 다르다는 것을 상징적으로 나타내는 행위이다. 또 며느리만이 부엌바닥의 온돌 아궁이 입구에서 혼자서 먹는 때도 있다. 따뜻한 장소에서 시어머니에게 긴장하지 않고 먹기를 좋아하기 때문이다.

이와 같이 남녀 격리, 동성에서도 세대 간의 격리 원칙을 가지고 며느리와 시어머니의 긴장관계가 있던 한반도의 전통적 식사방식은 현재 크게 변화하고 있다.

한국에 있어서는 ① 한국동란 종료 후의 「가정의 민주화」, ② 전통 가옥에서 아파트 거주로의 거주 양식의 변화, ③ 대가족에서 핵가족으로의 가족형태의 변화와 더불어 가정의 식습관에 큰 변화가 일어났다.*9)

한국에서는 1970년대로 접어들면서 핵가족의 비율이 높아지게 되고, 가족 전원이 한 개의 식탁에 둘러앉아서 식사하는 것이 일반화되었다. 다만 그 보급에는 지역 차가 있으며, 명문의 양반 종가가 많은 경상북도 안동에서는 보수적인 지주들이므로 변화가 느려서 현재도 남녀별로 식사를 하며, 특히 노인은 다른 가족과는 별도로 식사를 하는 가족도 적지 않게 있다. 1980년대 후반에 황 교수에게 들러 대화한 것에 의하면, 당시의 농촌에서는 남녀가 다른 방에서 먹는 풍습도 남아 있으나 같은 방에서 남녀가 별도로 큰 식탁에 둘러앉아 식사를 하는 가정도 있다고 한다. 그 때 며느리가 시어머니를 어려워하여 식기를 식탁 아래에 놓고 먹지 않고 같은 식탁에서 먹는 것이 보통이라고 하였다.

맨션이나 아파트에 거주하는 가족이 많아진 현재, 의자에 앉아서 먹는 식탁인 다이닝·테이블에 가족 전원이 둘러앉아 먹는 가정이 늘고 있다. 전통적인 가옥에 거주하고 있는 경우는 상에 앉아서 반상이라고 하는 일본의 좌탁(座卓)과 유사한 키가 낮은 대형의 궤(机)에 둘러앉아 식사를 하고, 전통 가옥에서도 부엌이 입식으로 개조되어 있는 경우는 의자·테이블 식의 식탁에서 식사를 하는 경우도 많다고 한다.

장작을 때는 온돌의 전통가옥 경우는 온돌의 아궁이에 가까운 자리가 상좌라고 한다. 그러나 보일러 난방인 아파트나 현대 가옥에서는 어느 곳도 따뜻하므로 같은 테이블이나 두레 반에 둘러앉아 식사를 하는 때 난방이 앉는 순서를 결정하는 요인이 되는 것은 아니라고 한다. 출입구에서 가장 먼 곳이나 텔레비전을 보기 쉬운 장소가 상좌로 되는 경향이 많고, 그곳이 가장이나 연장자의 자리가 되며, 부엌에 가까운 장소가 주부의 자리로 되는 것이 보통이다.

70년대에 일반화한 것으로 가족이 하나의 식탁에 둘러앉는 식사풍경이 현재 한국에서 변화되고 있는 모습이다. 여성의 사회 진출, 공부하는 아이들도 늘고, 부친의 작업이나 근무시간의 증가, 외식산업, 식품산업의 발달, 한국경제의 성장에 따라 일어난 사회변화에 의해

가족 모두가 식탁에 둘러앉는 시간이 적어지고, 가족이 함께 하는 것은 휴일뿐인 가정이 많아지게 되었다고 한다. 그것은 일본의 가정에서도 흔히 볼 수 있는 광경이다.

여럿이 하나의 식탁을 둘러앉는 때의 상차림 법은 밥과 국을 담은 그릇이 각각의 앞에 놓이고, 그 외의 반찬은 공통 식기의 것을 직접 젓가락 또는 자신의 숟가락으로 떠서 먹는다. 금속제의 자루가 긴 숟가락은 국물만이 아니고 밥을 떠먹는 것에도 사용된다. 밥과 국을 담은 그릇과 젓가락, 숟가락은 개인에 따라서 고용인이 정하고 있다. 이들의 개인 전용 식기는 첫돌 때 어머니에게서 받으며, 결혼 때에는 신부가 남편의 것을 준비하므로 누구의 식기인가가 식별될 수 있다.

주(注)

*1 중국・한반도와 일본 가족의 현재 모양이나, 유교의 사회적 영향이 다른 것에 대한 본인의 생각은 다음 문헌에 표명되어 있다.

石毛直道 「サムライ　ニッポン一　文と武の東洋史」 中央公論社, 2003년

*2 田中淡「古代中國畫像の 割烹と飮食」石毛直道 篇「論集 東アジアの食事文化」平凡社, 1985년

*3 尙秉和 著, 秋田成明 譯「中國社會風俗史」p. 87~88, 東洋文庫, 平凡社, 1969년

Chang K.C.(ed), *Food in Chinese culture*, p. 36, Yale Univer-sity Press, 1977년

*4 崔詠雪「中國家具史 一 座具篇」p. 182, 明文書局, 1986년

*5 天野元之助「しょくじ 中國」「世界大百科事典」11권 p. 600, 平凡社, 1966년

*6 石毛直道「ハオチ-! 鐵の胃袋中國漫遊」p. 197, 平凡社, 1984년

*7 張保雄「日韓民家の比較」杉本尙次 編「日本のすまいの源流」p. 313, 文化出版局, 1984년

*8 黃慧性・石毛直道「韓國の食」p. 134~150, 平凡社, 1988년

*9 이하에서 설명한 한국의 현상에 대하여서는 종합연구대학원 대학문화과학 연구과 박사과정 재학 중에 한국의 식생활 문화 field work을 하고 있는 屋亞記子씨의 가르침에 의한 것이 많다.

제4장 두레 반 이전의 역사

여기에서는 일본의 가족과 식탁에 대하여 논하려고 한다. 고찰의 초점은 20세기가 되면서 보급된 두레 반이라는 식탁에서 가족이 모여 식사하는 풍경을 접하게 되는 데 있다. 그에 앞서 일본에서의 식탁과 식사양식에 대해서 언급해 둔다.

그것은 일본 식생활사 연구 중에서도 미개척 분야이다. 식탁 그 자체의 종류나 역사에 대하여 종합 정리한 논문은 공동 연구자인 植田啓司가 쓴 「상의 종류와 역사」*1)가 있기는 하지만, 물질문화로서의 상에 관한 실증적인 연구는 적다. 식사양식의 역사적 변천에 대하여 본격적으로 설명하려면 문자 자료만이 아니라 회화 자료나 고고학적 자료 더미 중에서 재료를 찾아서 재구성하는 작업이 필요하다. 그러나 역사 속에서 찾으려고 하는 것이 본 책의 목적이 아니므로 여기에서는 극히 간단히 다루려고 한다.

1. 선사시대(先史時代)

구석기 시대부터 고훈(古墳)시대에 이르기까지 긴 기간 동안 일본의 보통 식사양식은 A2[좌식, 수식, 공통형, 공간 전개형]이었다고 추정된다. 발굴된 주거는 흙바닥부엌을 생활평면으로 하고 의자, 테이블류는 없었다는 것이 분명하다. 개인별로 사용하는 소형 식기가 출토된 예가 적고, 한 개의 주거 유적에서 한 사람 분의 식기 세트가 몇 조도 발견되지 않았으므로 기본적으로는 공통형의 식사이었다고 생각해도 좋을 것이다. 시계열형(時系列型) 상차림이 평소 식사에서 실시되었다고 생각하기 어려운 일이다.

한 가지 주목되는 것은 고배(高坏)라고 하는 식기의 존재이다(사진 2). 납작한 그릇(平鉢), 공기(椀), 잔(杯), 접시와 같은 식기에 긴 다리를 붙인 토기나 목기를 고배라고 부른다. 고전 중국어로 두(豆)라고 쓴 식기이다.

죠몽(繩文) 만기가 되어 고배형 토기가 출현되나, 주요한 기종이 아니고 특별한 식사나 제사용 그릇으로 사용된 것이 아닌가 하고 추정되고 있다. 야요이(彌生) 시대가 되면 고배는 주요한 토기 기종의 하나가 되며, 야요이 시대 초기부터 목제 고배도 발견된다.*2)

그로부터 생각나는 것은 「魏志倭人傳」의 왜인은 「음식에는 헨토우(籩豆)를 사용하여 손으로 먹는다」라는 기사가 있는 것이다. 헨토우라는 것은 고배인 것으로 생각된다. 「일본인은 식사시 고배를 사용

사진 2 고훈(古墳)시대의 고배(高坏) 吹田市 五反島 유적 출토
(土師器, 구경 23.8cm, 높이 13.6cm, 吹田 시립박물관 소장)

하고, 젓가락은 없고 손으로 먹는다」라고 하였다.

본인은 인도 동북부의 나가란도에서 조사를 한 적이 있다. 그 곳의 주민인 나가란도의 여러 민족은 인종적으로는 몽골로이드에 속하고, 동남아시아계의 문화이며, 코카소이드계가 많고, 힌두 문화를 형성하는 인도의 다수 민족과는 다른 사람들이다. 나가란도에서는 일상적으로 고배와 유사한 식기를 사용하여 식사를 한다.

일본의 고배는 다리가 한 개이나, 나가란도에는 일본의 것과 같은 모양의 것도 있지만 나무 한 개를 도려내어 만든 4개의 다리를 가진 것이 많다. 사진의 것은 직경 27cm의 사발모양 아래에 4개의 다리가 붙어 있는 높이 16cm인 것이다. 이 식기를 안가미・나가어(語)로는 쿠휘(khuphi)라고 하며, khu는 접시, phi는 나무라는 의미이다(사진 3).

식사 때에는 쌀밥을 담은 쿠휘가 좌식하는 사람들의 앞에 차려지고, 공용하는 대형의 식기에 담은 카레풍의 맛을 낸 채소 등 부식을 각각 밥 위에 얹어서 손으로 먹는다. 쿠휘 외에도 음식을 담은 식기나 컵 등이 상에 올려지므로 쿠휘는 상이 아니고 식기의 일종 또는 식탁 기능도 있는 것이다.

사진 3 음식을 담은 나가란도의 고배 모양의 식기

야요이 시대, 고훈시대의 토기 고배는 아주 작고, 사발형 부분의 구경(口徑)이 20cm, 높이 12～13cm 정도인 것이 보통이다. 토기 고배는 정교하게 만든 것이 있는데, 이것은 평소에 사용하는 식기가 아니고 의례적인 식사나 공물(供物)을 바치는 데에 사용한 것으로 생각하는 고고학자가 많은 것 같다.

都出比呂志는 화재로 가옥이 소실하여 폐기된 수혈(竪穴) 주거 유적의 바닥 면에 남아 있는 생활용구를 주목하여 조사해 본 결과 바닥 면에서 동일한 크기의 토기제 사발이나 고배가 각각 5～6점씩 자주 발견되었다고 한다. 그래서 서 일본에서는 야요이 시대 후기부터 가족 한 사람마다 전용 식기를 사용한 것이 아닌가 하는 가설이 제창되고 있다. 그렇게 되면 개별형 상차림은 그 때까지로 거슬러 올라가게 될 가능성이 있으나 개별형과 공통형 중 어느 것이 일반적이었나를 검증하는 데는 좀 더 많은 자료가 필요하다.[*3)]

「魏志倭人傳」의 기사에 고배가 일상식사에 사용되었다고 하였으며, 잘 부서지지 않는 목제가 많았을지도 모르나 목제품은 유물로 남기 어려우므로 검증이 곤란하다.

헤이안(平安) 시대 이후 고배는 식기에서 상으로 발전한다. 대형의 방형 또는 원형의 쟁반이나 오리시키(折敷)에 한 개의 긴 다리를 붙이고, 칠을 한 칠 고배 위에 음식을 담은 식기가 놓이게 된 것이다. 이와 같은 고배는 민중이 사용하는 식탁이 아니고 신분이 높은 사람들이 사용하는 것이었을 것이다. 현재에도 칠 고배는 신찬(神饌)을 제공하는 제구로서 오래된 신사의 제사에 등장하고 있다.

2. 고대(古代)・중세(中世)

성덕태자(聖德太子)가 견수사(遣隨使)와 함께 답사로 일본에 온 수나라의 사절을 외국 사신 접대용 시설에서 향응했던 내용이 「日本書記」에 기록되어 있다. 그것은 중국풍의 향연이었을 가능성이 있고, 젓가락과 숟가락을 병용해서 식사를 한 것이 분명하다고 생각된다. 아스까(飛鳥) 시대 宮都 유적에서 출토된 식기에 잔, 접시, 공기 등 그릇 종류가 분화된 것이 보이나 젓가락이 출토된 예는 없다. 젓가락으로 식사하는 것이 아직 보급되지 않았던 것으로 보인다.

나라시대의 관공서나 궁전이었던 장소인 헤이죠(平城)궁 유적에서는 젓가락이 대량으로 발굴되고 있으나, 일반사람들의 주거지였던 헤이죠쿄(平城京) 유적에서는 젓가락의 출토가 많지 않았다. 관공서에서 집단급식이나 연회 때에는 젓가락을 사용하나, 집에서의 일상식사는 손으로 한 것 같다. 나라시대에는 손으로부터 젓가락 식사로 옮기는 과도기이고, 8세기 말에 시작하는 헤이안 시대가 되면서 민중도 젓가락을 사용하여 식사하게 된 것이다.*4)

헤이죠궁 유적에서 발굴된 공무원이나 사경생(寫經生)의 집단급식 때의 식기 구성은 밥을 담은 공기, 국물이나 무침을 담은 잔, 소금과 그 외 조미료를 담기 위한 작은 접시였던 소금잔 등 3종을 기본으로 하고 있었다. 관직이 높아지고 식사 내용이 풍족하여짐에 따라 접시와 다른 그릇이 첨가되고, 4그릇 한 벌, 5그릇 한 벌이라고 하는 식기 세트가 성립된 것을 알 수 있다.

헤이죠궁 유적에서 출토된 식기로 사용되었던 토기에 사용자의 이름이나 다른 사람의 사용을 금지하는 문구를 먹으로 쓴 것이 몇 개 보이고 있어 모든 식기가 개인 전용이었다는 것을 알 수 있다. 또

판상의 오리시키도 출토되고, 세트화한 식기를 배열하는 개인용 식탁으로 오리시키가 사용되었던 것임을 보이고 있다.*5)

이렇게 보면 나라시대부터 헤이안 시대에 걸친 시기에 식사양식이 C1[좌식, 젓가락, 개별형, 공간 전개형]으로 이행되었다고 할 수 있을 것이다. 그 후 20세기가 될 때까지 이것이 일본인의 식사양식의 기본형으로 계속되어 왔다.

이 시기는 대륙이나 한반도 문물의 도입이 이루어지고, 일본이 동아시아 문명의 일원이 되는 시기에 도달한다. 앞에서 설명한 것과 같이 중국에서는 고대부터 한 사람 앞에 상을 차리고 젓가락을 사용하여 먹는 방법이 이루어져 왔다. 그것으로부터 일본이 독자적으로 개별형, 젓가락의 식사양식을 발명한 것이 아니고 해외로부터 「문명의 식사방법」으로서 도입되었다는 것으로 생각할 수가 있다.

그러나 숟가락과 의자, 테이블의 사용은 일본에 정착되지 않았다. 그림 두루마리(繪卷) 등에 남아 있는 헤이안 귀족의 공식 연회이었던 대향연의 그림 등에서는 네 다리가 있는 정방형의 테이블인 다이반(台盤)을 두 사람씩 마주 보고 네 사람이 둘러앉기도 하고, 또는 아주 많은 수의 사람이 테이블을 둘러앉아서 식사하는 풍경이 그려져 있다. 그것은 견당사(遣唐使)로부터 전적으로 당나라의 궁중 식사양식을 도입한 것으로 생각된다.

대형의 궤(机)를 식탁으로 하여 여러 사람들이 둘러앉아서 먹으므로 언뜻 보면 공통 형의 식사풍경으로 보일 수 있으나, 실제로는 [의자식, 젓가락, 개별형, 공간 전개형]의 식사양식인 것이다. 상차림이 보여지는 그림을 검토해 보면 궤의 중앙에 놓여 있는 과자류는 마주 보고 있는 두 사람이 공통으로 먹도록 배치되어 있으나, 밥이나 부식은 한 사람 앞에 각각 차려져 있다. 큰 궤 위를 보면 눈에 보이지 않는 경계가 있고, 개별형인 공간이 구별되고 있으며, 중국과 같이 공통의 큰 식기에 젓가락이나 숟가락을 대고 먹는 것은 하지 않는다.

의자, 테이블을 사용하는 식사는 중국풍 식사의 패션을 채용한 궁정행사의 식사에 한정되고 있는 것 같다. 민중의 평소 식사에 의자식이나 숟가락이 채용된 것은 아니었던 것이다. 점성인 자포니카 쌀밥을 먹는 데는 숟가락이 필요하지 않으며, 나무공기 그릇이 발달한 일본에서는 밥공기, 국공기 모두 손으로 들어올려 먹으며, 국그릇 가에 입을 대고 마시면서 먹는 방법이 허용된다. 그래서 율령체제가 붕괴되고 궁정문화도 쇠퇴하여 귀족도 의자식을 하지 않게 되고, 숟가락을 사용하는 식사방법도 잊어버리게 되었다.

공식의 연회는 아니고 귀족이 사저에서 식사를 하고 있는 광경을 그림 두루마리에서 보면 좌식으로 현반(縣盤)이라고 하는 각상이나 다리가 긴 칠 고배를 사용하여 식사를 하고 있다. 현반의 반(盤)이라는 것은 현재의 쟁반에 해당하는 기기이다. 반을 대(台) 위에 올려놓아 보이게 한 것이 현반으로, 처음에는 대와 반이 다른 것이었던 것 같으나 후에는 하나가 되고, 정방형의 반 하부에 불룩 나온 'ㅁ'자 형의 네 다리를 만들어 붙이고, 칠을 한 개별형의 상이다. 헤이안 시대에는 5위 이상의 전상인(殿上人)이 사용하는 식탁이었다(그림 16의 ①).

궤(机, 책상 모양의 상)도 식탁으로 사용하였다. 「오미즈도리(お水取り)」라고 알려진 東大寺의 슈니에(修二會) 때에 식당에서 사용된 2월당궤(二月堂机)가 그 예이다. 그 먹을 칠한 심플한 디자인은 현대가 되어서 호평을 받고 있으며, 2월당궤를 카피하여 사용하고 있는 요정도 있는데 카수가죠크(春日卓)라고도 한다. 궤는 한 사람용의 식탁으로 만이 아니고 연회 때 등에는 몇 개의 다리를 연결하여 큰 식탁으로 사용하기도 한다. 또 궤는 식사에 사용하는 도구로 만이 아니고 사무용 궤로도 쓰이는 겸용 가구이었다.

고대, 중세의 다이반(台盤), 칠 고배, 궤, 나중에 설명하는 공향(供饗), 충중(衝重) 등 다리를 붙이고 칠을 한 식탁은 민중의 식탁이 아니고 사회 상층부의 사람들이 사용하는 것이었다. 민중의 일상 식탁은 오리시키이었다고 생각된다. 또 「源氏物語」 등 헤이안 귀족의 기록에 오리시키가 나오고 있어서 궁정에서도 약식인 식탁으로서 오리시키가 사용되었다는 것을 알 수 있다.

오리시키의 원래 형태는 방형으로 얇게 켠 널빤지이다. 이것을 판(板) 오리시키라고 하는 것이다. 나무를 얇게 벗겨서 만든 널빤지를 방형의 판으로 사방 변두리를 붙여 결국은 사각형의 쟁반모양으로 만든 것이 일반적인 오리시키이고, 흰색의 나무로 만든 것이 보통이다.

그림 15는 헤이안 시대 말에 그려진 「病草紙」에서부터 따온 그림이다. 입을 벌리고 있는 남자는 이가 몹시 흔들려서 단단한 것을 먹을 수가 없는 병이 있다고 설명되어 있다. 이것이 세계 최초의 치조농루(齒槽膿漏) 그림이라고 한다. 오리시키 위에 식기가 놓여 있는

그림 15 오리시키에 음식을 놓아 둔 「病草紙」

데, 이들 식기는 검은 칠을 하고 붉은 회향 그림이 덧붙여진 것이다. 오리시키는 채색되지 않은 흰 나무이었을 것이다. 왼쪽 앞에는 생선을 담은 접시가 있고, 그 옆에는 내용을 알 수 없는 접시가 두 개, 그 뒤로 국과 밥이 있으므로 일즙삼채(一汁三菜)의 식사이다. 먹다 만 수북하게 담은 밥 위에 젓가락이 꽂혀 있다. 이 시대에는 밥을 도가와리(밥공기가 작은 것이므로 2~3회 더 떠서 먹는 것)하지 않고 수북하게 담아 제공하였다고 한다.

변두리를 붙인 오리시키형의 개인용 식탁은 20세기 중반까지 남아 있었다. 산촌에서는 다리를 붙인 상을 사용하지 않고 이로리(모닥불)의 주변에 있는 나무들 위에 오리시키형의 쟁반을 놓고 식사를 하는 가정이 있었다. 또 다리를 붙인 상이 보급된 에도시대에도 꽃놀이나 행락 시에 도시락을 먹을 때 약식의 상으로 오리시키형의 쟁반이 사용되었다.

3. 근세(近世)의 각상(銘銘膳)

오리시키에 다리나 대(台)가 붙여짐에 따라서 상으로 발달하게 되었을 것이다. 다리나 대의 모양에 따라서 상은 구별된다. 오리시키에 두 장의 판 다리(板足)를 붙인 것을 족타(足打) 오리시키 또는 족부선(足付膳)이라고 한다. 다리 모양에 따라 접족선(蝶足膳), 종화선(宗和膳), 묘족선(猫足膳), 호도족선(胡桃足膳)이 있다. 오리시키 아래에 구멍(도려낸 구멍)이 없는 통모양의 굽은 대를 설치한 것을 공향(供饗)이라고 하며, 사각 통모양으로 구부러진 세 방향에 구멍이 있는 것은 삼방(三方)이며, 일방, 이방, 사방도 존재한다. 사방(四方)과 유사하지만 키가 낮고 구멍이 큰 것이 충중(衝重)이다.

에도시대가 되어 다양한 형태의 상이 발달하였다고 하지만 어떤 형태의 상이 언제 출현하고, 어떠한 경로로 보급되었는가를 말하기에는 확실하지 않고 연구도 그다지 많지 않다.

에도시대 「공경(公卿)사회에서는 오리시키・현반・고배・충중 등이 사용되고, 무가(武家)에서는 삼방・장족・접족선, 민간에서는 접족・족절(足折)・종화선・한다이(飯台) 등이 사용되었다」고 한다.*7) 사용하는 식탁 종류에는 사회계층이 반영되고 있는 것이다.

여러 가지 각상 중에서 최고의 격식을 상징하는 정식 상은 흰 나무상으로, 그 중에서도 삼방이나 사방이 가장 격이 높은 식탁이다. 그것은 무가의 작법에서 최고 식사인 753의 상, 또는 753 식단이라는 향연의 식탁으로 사용되었다. 궁정에서도 대신 이상은 백목(白木)의 삼방(그림 16의 ②)에서 먹고, 이하의 사람은 다리가 없는 백목의 평평한 상을 사용하고 있어 식탁의 다리 유무가 관위(官位)를 반영하는 것이었다.

두루마리 그림이나 상감세공을 한 칠기 상이 사치스러운 것이라고 생각되나, 백목으로 만든 상이 격이 높다는 것은 왜일까?

백목(白木)의 상은 깨끗함을 나타내는 것만이 아니다. 고귀한 사람이 사용한 백목의 상은 한 번 사용한 후에는 다시 쓰지 않고 아래 사람에게 내려주는 것이다. 1회의 식사에만 사용하는 사치스런 식탁인 것이다.*8)

키가 높은 상이라고 해서 격이 높은 것만은 아니다. 같은 형식의 다리를 붙인 상에 여성용은 다리가 없는 것이 보통이다. 접족선(그림 16의 ④)은 남녀 1대1을 한 조로 하며, 다리가 없는 것이 여성용이 된다. 외측은 검은 칠, 내측은 붉은 칠을 한 상이고, 가정의 문양을 그린 것은 큰 축하 상이며, 현재에도 구가(舊家)에서 사용하고 있다.

喜田川守貞은 막후 말 에도, 쿄토, 오사카의 풍속을 기술한 「守貞

謾稿」의 저자이다. 守貞에 의하면 혼례 때에 손님에게는 종화선(그림 16의 ③)을 사용하고, 신혼부부에게는 접족선을 내었다고 한다. 京坂에서는 정월에 반드시 접족선을 사용하나 평일에 사용하는 사람은 많지 않으며, 에도에서는 중류 이상 계층인 사람은 평일에도 아침에 접족상을 사용하지만, 점심과 저녁에는 다른 모양의 상을 사용한다고 한다. 접족상 위에 놓는 공기는 상에 어울리는 속이 붉고, 겉이 검은 칠을 한 것은 에도, 쿄토, 오사카 3개 도시에서 공통으로 사용되고 있다.

종화선은 검은 칠 또는 붉은 칠을 한 상으로, 세 도시의 민간에서는 혼젠 및 혼례 때나 손님용으로 이 상을 사용하는 것이 본식이다.

목구선(木具膳, 그림 16의 ⑤)은 나무바탕에 떫은 감물 등을 칠하고, 그 위에 투명한 칠을 한 춘경도(春慶塗)인 것이 많고, 나무눈이 보이는 간소한 상이지만 守貞에 의하면 「귀인에게 이것을 사용 한다」고 한다.

세 개의 다리가 붙은 상(그림 16의 ⑥)은 원형의 쟁반에 세 다리를 붙이고, 겉은 검은 칠을 하고, 속은 붉은 칠을 한 상으로, 「에도 시민은 평일에 이것을 전용하며, 소시민은 세 끼를 이런 류의 약식의 상을 사용하며, 중류 이상은 점심・저녁에 이것을 사용하고, 아침에는 접족을 사용한다」고 되어 있다.

호도족선(그림 16의 ⑦)은 본래 호두나무 열매를 오리시키의 사방에 두드려 붙인 것에 유래하는 명칭으로, 모양만의 다리가 붙어 있는 것에 지나지 않고, 춘경(春慶) 칠을 한 것이다. 「에도 시에서는 노비가 전적으로 이것을 사용한다」고 하며, 고용인의 식탁이었던 것이다.

한다이는 상자 형으로 상자의 부분에 식기를 보관해 두고 식사 때에 식기를 꺼내며, 뚜껑을 닫으면 방형의 쟁반모양으로 되고, 그것을 상자 위에 놓고 식기를 배열한다. 또 식기를 보관하는 서랍 위에 방형의 쟁반을 올려놓은 형태의 것도 있다(그림 16의 ⑧). 춘경 칠 또는 나무바탕에 떫은 감물과 철단(鐵丹)을 칠한 위에 투명한 칠을 한 '검은 색이 잘 조화된 칠'이다.

이 식기 보관 상자에 붙은 식탁을 守貞은 한다이로 기록하고 있으며, 에도에서는 오리수케젠(折助膳)이라는 명칭을 사용하고 있다. 京坂의 시민은 평일에는 오로지 한다이에서 식사하며, 「이것을 사용하는 사람은 매 식후에 상과 그릇류를 씻지 않으며, 단 한 달에 4, 5회

그림 16 「守貞謾稿」 삽화의 상

이것을 씻는다. 그 사이는 헝겊 수건으로 이것을 닦아 준다. 이 때문에 선가(禪家)나 무가(武家)의 노복(奴僕)이 이것을 사용하게 된다. 노복, 다른 말로 오리수케라고 하는 것은 이 때문이다」라고 설명하고 있다.

이 형식의 식탁은 메이지 시대에는 하코젠(箱膳)이라고 부르는 경우가 많았기 때문에 본서에서는 이후 하코젠의 명칭을 사용하기로 한다. 그 외에 젠, 오젠, 젠바코, 한다이 등의 명칭으로 부르는 지방도 있다. 막후 말 이후 두레 반이 보급될 때까지의 기간 동안 하코젠이 민중의 평소 식탁으로 전국에서 사용되고 있었다.

옛날 집의 광에서 상과 식기 세트가 한데 모여서 발견된 것이 있다. 이들은 접족선, 종화선, 목구선 등 격식 있는 상과 칠을 한 공기, 납작한 접시, 항아리 등 정식의 향연에 사용되는 식기로 구성되어 있다. 혼례나 행사에 따르는 축하의 식사에 사용되는 것이다. 보통은 끝나면 보관해 두고, 행사 때에 꺼내 사용하며, 또는 친척에게 빌려 주기도 하는 것이다.

민중의 가정에서는 평소 사용하는 식탁이나 식기만 보유하는 것이므로 경전을 듣는 모임을 만들고, 촌락 집단이나 도하강(稻荷講)과 같은 신앙집단에서 축하상이나 식기를 공동 소유하고, 행사 때에 사용하는 조직이 20세기 전반까지 기능을 하고 있었다.*9)

4. 근세의 공용(共用) 식탁

에도시대 가정에서는 개인별 식탁인 각상에서 식사하는 것이 보통이었으나, 가정 밖에서 사람들이 합숙생활을 하는 때 등은 편법으로서 큰 책상 모양의 식탁에서 나란히 앉아서 먹는 경우도 있었다. 예를 들면 「江戶庶民風俗圖畵」에 수록되어 있는 「맹인의 식사」(安政 6년 그림, 그림 17), 「新造의 식사」(嘉永 2년 그림)의 그림에는 가늘고 긴 책상 모양의 식탁에 여러 사람들이 앉아서 식사를 하고 있는 정경이 묘사되어 있다. 이 식탁은 현재 신사의 사무소 등에 놓여 있는 백목의 궤와 같은 형식의 것이다.

가정이 없어 집단생활을 하고 있는 맹인, 여랑(女郞)들은 식사 때에 각상을 꺼내 지 않고 꺼내서 방치해 둔 큰 궤 앞에 손이 닿는 사람부터 앉아서 먹는다.

다만 식탁은 공용이라도 밥, 국, 부식은 한 사람 분으로 차려지고 있어 상을 차리는 방법은 개별형이다.

이 가늘고 긴 좌식의 식탁을 하코젠이라는 별명과 같이 한다이라고도 부른다. 富山縣에서는 메이지 시대에도 이 공용의 한다이를 사

그림 17 맹인의 식사(*10 문헌에 의한 인용)

용하고 있었던 지방이 있었다.*11) 태평양전쟁 전의 富山市 주변에서는 각상 사용은 드물었고 폭 40cm, 길이 한 칸 정도, 상판 두께 1cm 정도인 한다이가 가정의 일상식사에 사용되었다고 한다.*12)

한다이는 승려방의 식탁이 기원일지도 모른다. 겐로쿠(元祿) 시대에 성립된 다서(茶書)인 「南方錄」에 의하면 「한다이는 책상과 같고, 2인 3인 4인이 하나에서 먹는다. 이것이 스님 일용 작법이다」라고 하였다.*13)

즉, 두레 반이 보급되면서 한다이를 두레 반이라고 부르게 된 지방도 있다는 것을 덧붙여 둔다.

근세 공용의 식탁인 두레 반의 기원과 관계가 있을 가능성이 있는 것으로 나가사키의 싯뽀쿠 다이가 있다. 싯뽀쿠 요리의 식탁이 싯뽀쿠 다이이다. 싯뽀쿠 어(語)에는 탁자(卓子), 중국에서 테이블 크로스를 나타내는 탁자를 덮는 보자기인 탁복(卓袱) 등의 한자가 나타나고 있다. 에도시대에 나가사키 무사 행정장관이 당나라 사람 집의 중국인을 방문하여 탁복의 어원을 탐색하였을 때 중국어 기원이 아니고 베트남, 토쿄 방면의 말에 기원한다는 회답을 얻을 수 있었다. 그러나 현재 베트남 어(語)에는 탁복에 상당하는 말이 없고, 지금까지 탁복의 어원이 결착된 것이 사용되는 것은 없다.*14)

싯뽀쿠 요리의 주류는 나가사키에 체제하는 중국계 사람들인 당인이 전한 중국요리에 기원하지만, 그것이 일본적인 것으로 변형하여 독자적인 요리로 발전한 것이다. 橘南谿의 「西遊記」에 의하면 1780년대에 싯뽀쿠 요리가 상류층에 빨리 전해졌다고 한다.

싯뽀쿠 요리의 식사양식은 처음에는 중국식 그대로 의자식으로 먹고, 하츠센타쿠(八僊卓)라고 하는 방형 테이블을 식탁으로 사용하는 것이었다.

1822(文政 5)년에 간행된 「江戶流行料理通」에 묘사된 나가사키

丸山여관의 싯뽀쿠 요리 그림은 중국인과 무사가 회식을 하고, 기생이 봉사하고 있는 그림이지만 작은 의자에 앉아서 방형 테이블에 붙어 앉아 있고, 각 사람 앞에는 젓가락과 숟가락이 놓여 있다. 이 하츠센타쿠는 좌식하는 일본 풍습에 익숙하지 않으며, 싯뽀쿠 요리 식탁은 싯뽀쿠 다이라고 하는 좌식의 넓은 원형 두레 반과 유사한 형태의 식탁으로 변한다.

「江戶流行料理通」의「魚類精進江戶卓袱料理」 페이지의 삽화에는 일본화한 식탁의 회식풍경이 그려져 있다. 그것은 다다미 위에 4명의 사람이 앉아서 싯뽀쿠 요리를 둘러앉아 먹고 있는 것이 그림 18에 있다. 이 식탁은 8개 화병 모양의 원호를 만들어 내어 붙이고, 둘레에는 번개무늬 모양(雷文狀)의 장식을 덧입힌 중국풍이지만, 다다미 위에서 사용하는 것을 전제로 하는 키가 얕은 형상이다.

현재 나가사키에서는 원형으로 네 다리가 붙어 있고 다다미 위에서 좌식 식사를 하는 식탁을 싯뽀쿠 다이라고 한다. 구가(舊家)나 예로부터 내려오는 싯뽀쿠 요리점의 싯뽀쿠 다이는 갑판 직경이 80~

그림 18 싯뽀쿠 요리의 식탁(*10 문헌에서 인용)

사진 4 다리를 한 개 마다 접고 펴는 싯뽀쿠 다이

90cm, 붉은 칠을 한 것이 많다. 다리를 한 개 마다 접고 펴는 형식(着脫式)인 것과 두 개가 한 조로 된 다리를 내측에 접어서 보관하는 형식인 것이 있다. 착탈식인 것은 막부 말경까지 사라진 오래 된 싯뽀쿠 다이이고, 접는 다리 기구는 나중에 설명하는 두레 반과 같은 것이므로 두레 반이 보급된 이후에 제작된 것으로 추정된다(사진 4).

나가사키 요리역사를 연구하는 越中哲也 교수에게 들은 이야기에서 막부 말의 나가사키 시 중에서는 싯뽀쿠 다이를 평소 식탁으로 사용하고 있었으나 나가사키 교외의 농촌에서는 각상에서 식사하고 있었을 것이라는 것이다. 또 나가사키 시중에서도 혼례 등 정식 연석에서는 싯뽀쿠 다이가 아니고 각상을 사용한다.

關西에서는 두레 반을 싯뽀쿠 다이라고 부르는 경우가 있다. 에도 시대 카미가타(천황이 있던 쿄토)에서 싯뽀쿠 요리가 유행한 때에 다다미 위에 둘러앉는 형식의 싯뽀쿠 다이가 이용된 것의 이름이 남아 있게 된 것일 것이다.

나가사키에서 정식 싯뽀쿠 요리를 먹을 때에는 직경 3척(尺) 정도가 되는 싯뽀쿠 다이를 일곱 사람이 둘러앉는다. 공용하는 식기인 사발, 동구리에 담긴 요리를 직접 젓가락으로 집어 먹으며, 젓가락만이 아니고 톤수이(湯水)라고 하는 숟가락을 사용하여 먹는다. 이 공통형의 식사는 에도시대 일본인에게는 문화・쇼크에 해당하는 것이었다. 橘南谿는 다음과 같이 설명하고 있다.

근래 쿄토에도 당풍(唐風)다운 것을 선호하면서 우쭐하는 사람, 먹는 것을 사양하지 않고 격의 없이 어울리면서 하급 직원에게 번거로운 일을 하지 않게 하고, 술도 주고받는 어려운 예절 없이 각자 자기 잔에 받아서 마음 내키는 대로 먹고, 풍류적인 연회를 즐기고 있다. 사원에서도 오우바쿠소(黃檗宗) 등의 절에서는 차를 마시지 않고 정진하면서 싯뽀쿠 요리를 먹고 있다. 이것은 일본에서는 대단히 신기한 일로 특별히 생각하여 마음을 놓을 수 있는 편안한 친구들이 아니라면 그렇게 할 수 없는 일인데, 당나라에서는 아주 일상적인 일이라는 것이다.

그래서 나가사키에 온 당나라 사람은 일본에서 보통 어렵게 사는 층의 사람이라도 상차림을 반듯하게 차려놓고 자신의 젓가락으로 쯔께모노 하나라도 집지 않는 것을 보고 대단히 감탄하여 「참으로 일본은 예절 바른 나라이다. 집안에서 가까운 사람끼리라도 평소 식사에도 매일 이와 같이 예를 흩트리지 않고, 어려운 집이라 하더라도 상차림에 밥그릇과 국그릇을 따로 준비한다는 것은 당나라에서는 생각도 못할 일」이라고 하였다. 참으로 이런 이야기를 듣고서 일본 예절이 바르다는 것을 기뻐할 일이다. 예의가 반듯한 중에서 간혹 쿄토에서처럼 싯뽀쿠 요리도 허물없이 해서 좋겠지만, 이러한 일이 때때로 이루어진다면 참으로 문란한 일이라 할 것이다. 당인의 감탄도 당연한 일이라 할 것이다.*15)

여기에서 보면 당시 일본에서는 개별형 식사형인 식사양식이 철저하였고, 궁핍한 가정에서도 각자가 자신의 전용 상과 식기를 사용하고, 쯔께모노(漬物)도 직접 젓가락으로 집지 않는 것으로 알려졌다.

싯뽀쿠 요리를 직접 젓가락으로 집는 공통형인 식사도 가끔은 좋은 것이지만, 평소 식사에는 이 방식을 채용하면서 「참으로 문란하기 그지없는」 것으로 된다고 하는 의견이다.

橘南谿는 공통형인 중국이 식사양식에 대해 놀라고 「예의 바른」 일본의 식사양식을 찬미하고 있지만, 그것은 예의작법의 문제라기보다 앞에서 설명한 일본문화의 심층에 있는 「정/부정」 관념에 뿌리를 둔 사정에 있는 것이라고 할 수 있다.

5. 경영체로서의 가정

동아시아 중에서 한족(漢族)이나 한반도의 식사에서는 남녀, 세대 차이에 의한 격리 원칙이 강하게 작용하고 있는 것을 제3장에서 기술하였다.

그것은 가족을 형성하는 부계 혈연집단의 원칙과 그것을 받쳐 주고 있는 유교 이데올로기에 의한 것이다. 「수신제가치국평천하(修身齊家治國平天下)」라고 하는 것으로 자기 행동을 바르게 함으로써 가정을 정비하고, 그 연장선상에서 국가를 다스려 안정한 세계 질서를 유지한다고 하는 가족 윤리가 국가 통치 원리에까지 연결된다는 것이 유교이다. 여기에서 가족이 마땅히 가져야 하는 자세와 유교는 밀접한 관계를 갖는다. 유교의 도덕 계율인 「남녀 7세 부동석」이라고 하는 것이 식사하는 곳에서 남녀 격리의 근거가 된다고 말할 수 있다.

강고한 부계 종족집단을 형성하지 않고, 유교 이데올로기를 국가 통치이념으로 채용하지도 않는 일본에서는 유교는 지식인의 교양에 불과하여 유교의 도덕 계율에 기반을 두는 가정생활이 운영되는 것이 아니었다.

물론 일본사회에도 남녀 차별, 장유 차별에 기본을 두는 가족의 행동규범이 존재하지만, 그것이 유교에 근거한 것인지 어떤지에 대해서는 논의할 여지가 있다. 유교의 영향을 부정하는 것은 아니지만 성·연령에 따라서 분류되는 가족 성원의 행동규범은 어느 사회에도 존재하기 때문이다.

일본인의 식사에서도 성·연령에 근거를 둔 차별화 원칙은 존재하나, 일반적인 가정에서는 가족의 남녀가 격리되지 않고 가족이 모여서 식사를 하는 것이 전통이었다.

에도시대 상류의 무사나 호상의 가정에서는 남편만이 별채에서 처나 고용인의 보살핌으로 혼자서 식사를 하는 것이었던 것 같다.

조사자들의 청취 조사에서도 쇼와 초기 오사카의 주택지에 다실이나 응접실을 갖춘 호화저택에 살고 있는 서양 옷감장사, 거상 가정에서 남편 혼자서 식사를 하는 예가 있다. 이 남편은 서재를 겸하는 자신의 방에서 매일 저녁 반주를 하면서 심부름하는 여자가 운반해 온 요리를 처가 시중들면 먹는다고 한다. 또 은퇴한 조부는 다른 가족과는 별도로 자신의 방에서 식사를 하는 예도 있다. 그러나 이것들은 예외이고, 가족이 모두 함께 식사를 하는 것이 일본가정의 식사 원칙이다.

가정이라는 말은 메이지가 되면서부터 사용되기 시작한 말로 영어 홈(home)의 번역어이다. 그 때까지는 '이에(집)'라는 말이 사용되어 왔다. 중국에서 「家」라고 하는 문자는 주거의 건물만이 아니고 생활이나 경제활동을 함께하는 세대를 나타내고, 더욱이 세대를 넘어서 확대되는 혈연집단인 「종족」을 일컫는다. 한반도의 '집', 일본의 '이에'도 거의 같은 의미를 갖는 개념이다.

일본 집의 특징은 가정생활의 경영체로서의 기능을 갖는 세대가 혈연집단인 가족보다도 중요시 되는 점에 있다.

중국과 한반도의 전통에는 영속하는 기본적인 사회단위가 종족에 있다. 세대는 같은 성을 계승하는 부계 친족집단의 일부분으로 일시적인 존재에 지나지 않는다. 중요한 것은 조상에게서 물려받은 혈통을 후세에 전하는 것에 있다. 부계 혈통을 계승하는 담당자인 남성은 특정한 세대의 일원으로서 역할보다도 가족 계도(系圖)인 「족보」에 기재된 부계 혈통집단의 일원으로서 역할을 완수할 것이 요구된다.

부측과 모측 양측의 계보를 따르는 쌍계적인 친족원리 위에 구축된 일본의 집은 부계 혈연원리가 우선하는 중국, 한반도의 종족과는 다르다. 헤이안 시대까지는 처가에 남편이 들어가는 「데릴사위 혼인」이던 것이 가마쿠라 시대부터 긴 이행 기간을 거쳐서 「며느리가 들어오는 혼인」으로 바뀐 것으로 알려져 있다. 「며느리가 들어오는 혼인」은 「무(武)」의 전문가인 상류층 무사계층에서 시작된다.

군사행동인 「무(武)」는 극히 남성 상위 원리에 일관되어 있다. 무사들이 만든 봉건제도는 주종관계를 중시한다. 그 연장선상에서 처는 남편에게 봉사하는 존재라고 하는 남성 상위의 사회통념이 형성되고, 재산이나 지위의 계승을 장남에게 한정하는 것이 무사 사회에서부터 있었다. 부계원리를 따르는 무사 집의 관습이나 도덕을 모델로 해서 제정한 「메이지 민법」에 의해 근대 일본사회의 표층이 부계 이데올로기로부터 크게 파괴되었기 때문에 민중생활에서는 메이지 시대부터 태평양 전쟁이 끝날 때까지의 기간이 가장 남성 우위의 시대이었다는 것이다.

에도시대 민중의 일상생활에서는 여성의 힘이 강하였다. 무사 집 마님과는 다른 민중의 가정에서는 가계의 실권은 주부에게 있었다. 식사 때에 밥을 퍼 담는 「주걱」이 주부권의 상징이며, 시어머니에게서 며느리에게 가계관리권을 이행하는 것을 「주걱 넘기기」라고 하였다. 가업에 관한 금전은 다른 것으로서, 세대의 생활 운영에 관한 회계는 주부가 맡도록 하고 그것이 현재에도 이어지고 있으며, 남편의 용돈을 부인이 관리하는 가정이 많다.

메이지 이전의 농민이나 도시 상인 집에는 직업 차이나 지방 차이에 의한 다양한 유형이 있고, 방계 혈족까지도 성원이 되는 경우가 많았으나 대가족의 형태를 취하는 중국이나 한반도의 세대에 비하면 비교적 작은 가족으로 구성되는 세대이었다. 3세대 가족이 보통이나 은퇴한 양친은 별채에서 가계를 따로 하고, 식사도 독립해서 하는 경우도 많아졌다. 결혼한 차남, 3남도 동일한 가옥에서 사는, 세대를 함께하는 경우가 가끔 있다.

혈족의 원리보다도 경영체로서 기능이 우선되는 것이 민중의 집이다. 그래서 장남이 언제라도 가업에 종사하지 못할 것으로 판단되는 경우는 양자로 이어 가게 하고, 분양이나 장사를 시작한 때를 계기로 경영체의 옥호 이름을 계승시키고 그 몇 대째라는 세대의 계보를 따르게 하는 것이다.

경영체인 세대에는 가족 이외 구성원도 동거하고 있다. 큰 농가에서는 하남·하녀가 있고, 상인의 상가에서는 입주해서 사는 고용인·사무원도 있다. 이와 같은 가족 이외의 사람들이 같은 가옥에서 식사를 하게 되는 것이다.

메이지 시대에 급속하게 진행된 근대화 속에서 일본은 농업사회에서 산업사회로 이행한다. 그 흐름 속에서 경영체로서의 집은 쇠퇴해간다. 공장·회사·관공서 등 가정 밖에서 생업의 장을 구하는 것이 산업사회이다. 생산의 장이 아니게 되고, 풍요해진 가정에서는 가사를 위한 고용인 이외의 다른 사람은 필요하지 않게 되었다. 산업사회화가 빠른 도시에서 양친과 아이들만으로 구성되는 작은 가족의 세대가 형성된다. 이 핵가족화 된 세대가 채택한 식탁이 나중에 설명하는 두레 반이다.

6. 각상의 식사풍경

정치, 경제의 체제, 이데올로기, 기술 등이 흔히 혁명적이라고 하는 식으로 급속히 변화한 것에 비하면 식생활 관련 문화는 느리게 변화가 진행된다. 역사학에서 시대구분이 정치체제의 변화를 지표로 해서 이루어지는 일이 많은 것은 정치가 변하기 때문이라고 하지만 민중의 식사가 즉시 변하는 것은 아니다. 그것은 새로운 음식이나 식사의 방법이 국민 전체에 보급되는 데는 생산이나 공급에 관한 체제가 정비되기 위한 준비기간이 필요하기도 하고, 또 유소아기에 형성되는 기호나 가치관이 세대를 단위로 하여 느리게 변화하는 과정이므로 조금씩 변화하면서 전승되는 성질이 있기 때문이다.

메이지 시대가 되어서 육식이 해금되고, 양식이 소개되는 등의 일이 있어도 일반 가정에서의 식사내용이나 식사양식은 에도시대의 연장선상에 있었다. 메이지가 되면서도 가정에서 각상을 사용하여 식사하는 습관이 이어지고 있었다. 에도시대까지 연속되는 각상에서의 식사풍경을 아주 간단하게 스케치 해 둔다.

다음의 기술은 조사자들이 행했던 청취조사 결과에 근거를 두고 각상의 식탁풍경을 모았으며, 芳井敬郎의 「식생활사의 질적 분석(1) — 식사공간과 식탁・식기」에 의한 것이 많다.

청취조사 사례 중에서 群馬縣佐波郡의 양잠농가에서 메이지(明治) 말부터 다이쇼(大正) 연간에 걸친 식사풍경을 소개하려고 한다.

피조사자는 어머니를 잃고, 아버지는 도회에서 일하러 나가므로 시

집 갈 때까지 조부모와 숙부의 가족 집에 살고 있었다. 당시 이 집은 양잠 종부(種付)를 하므로 野良男이라고 하는 봉사자가 계절노동자로 살고 있었다고 한다. 野良男은 會席膳을 사용하고, 상주하는 가족과 고용인, 여자 심부름꾼은 하코젠(箱膳)을 사용하며, 이것을 오젠이라고도 한다.

호주인 조부는 다다미에 깔개를 깐 거실에서 식사를 하고, 숙부는 옆방이라고 하는 한 층이 낮은 나무판으로 된 방에서 식사를 한다. 그 외 가족과 여자 심부름꾼, 지배인은 다이도코라고 하는 개수대와 조미료를 두는 찬장이 있는 한 층 더 낮은 나무판으로 된 방에서 먹었으며, 가족은 옆방에 가까운 곳에 나란히 앉았고, 고용인은 흙바닥부엌에 가까운 장소에 앉았다. 野良男은 부뚜막이나 상을 두는 선반이 있는 흙바닥부엌에서 먹었다. 대개는 준비되어 있는 식사를 하였다고 한다.

집에서 지위에 비례하여 흙바닥부엌, 다이도코, 옆방, 거실로 식사평면이 높아지는 것이다. 이와 같은 집의 부분에 격차가 있는 예는 적지만 큰 농가에서는 볼 수 있다.

愛媛縣南宇和郡의 예에서는 주인 가족은 6량 다다미방, 4인의 여자 심부름꾼은 8량 나무판방, 밭농사를 하는 남자 농부는 나무판방과 흙바닥부엌 뒤의 계단에 앉아서 먹는다고 한다. 고용인은 주인 가족보다 조금 늦게 식사를 하지만, 「아침, 점심, 저녁 외에 오전 10시와 오후 3시 합해서 1일 5식」을 먹고 있었다. 이것은 농사일이 격하다는 것을 보여주는 사실이나, 그 노동의 사이사이에 이루어지는 식사장으로서는 흙바닥부엌의 계단이 이용된다는 것은 당연하다고 할 수 있다. 당시는 짚신(조리나 와라지)을 신고 농사일을 하지 않고 발은 벗은 상태로 있었다. 상에 오르려면 그 때마다 발을 씻지 않으면 안되므로 흙발 그대로 앉아서 먹는 편이 편리하였다. 이것은 野良男이

흙바닥부엌에서 먹는다고 하는 사실과 합치한다고 芳井은 지적하고 있다.[*16)]

이 두 가지 예는 식사 장소가 세분화된 사례이나 고용인과 가족은 별도의 방에서 식사를 하는 집도 많았던 것 같다.

일반 가정에서는 가족이 동일한 방에 모여서 식사를 하는 것이 보통이었다. 그러나 같은 방에서 식사를 하여도 앉는 순서에는 집의 질서가 반영되고 있다.

농가의 가족 식사는 나무판자 방인 주방, 거실 등으로 부르는 이로리가 있는 방에서 하고 있다. 그 방의 옆에는 흙바닥부엌이 있고, 여성은 밥을 짓는 부뚜막과 간단하게 끓이는 음식을 하는 이로리 사이를 왕래하며, 일하는 경우에도 흙바닥부엌에 가까운 쪽으로 앉는다. 또 한쪽의 인접한 방은 객실이다. 객실 가까운 쪽이 상좌가 된다.

이로리 네 변의 명칭은 지방에 따라 여러 가지이나, 일반적인 명칭으로는 흙바닥부엌에서 먼 객실에 가까운 변을 요코자(橫座), 요코자의 왼쪽을 카카자(嬶座), 오른쪽을 갸크자(客座), 요코자의 맞은편을 시모자(下座)라고 한다.

요코자는 가장(家長)이 앉는 권위 있는 자리가 된다. 「요코자 주위의 고양이, 바보, 단골 스님」이라고 해서 가장 이외에 축생인 고양이가 자리를 차지하는 것은 할 수 없지만 그 집안의 단골 절의 스님에게 자리를 물려 줄 수 있을 정도이고, 요코자에 앉고 싶어하는 내방객은 바보 취급하였다. 카카자는 주부나 가장의 어머니, 딸 등 여성의 장소로 온나자라고도 한다. 앞에서 설명한 「주걱 넘기기」를 「카카자를 물려준다」고 하는 지방도 있다. 식사 분배권을 지니는 주부의 자리이기 때문이다. 갸크자는 은거한 조부나 장남 이하 남성 가족의 장이고, 손님도 그 곳에 앉게 된다. 이것을 오토코자라고 하는 지방도 있다. 시모자는 고용인이나 출입이 잦은 사람의 자리이다.

민속학에서는 이와 같은 좌석 순서에 따라서 이로리를 에워싸고 각상이 배치되나, 조사자들이 청취 조사한 결과에서는 이로리 주위에 상을 나란히 놓는 농가의 사례는 의외로 적었다.

山形縣山形市의 사례에서는 이로리가 있는 12량 다이도코의 1우(隅)에 2열로 놓이고, 상좌에 당주(當主)의 아버지와 당주, 부뚜막 가까이 하좌에는 당주 어머니와 처가, 그 사이에 아들이 앉아 있었다. 2열 중앙에는 긴 냄비 받침이 있고, 그 위에 냄비가 놓여 있었다. 방석을 깐 것은 당주와 그의 아버지 만이었다. 당시의 상황을 회고해서 「옮고 어두운 빛 아래에서 오로지 침묵하면서 음식을 입으로 가져가기만 할 뿐」이었다고 설명되어 있다.[*17)]

다음은 고베시 농어촌에 있는 가정의 메이지 말에서 다이쇼 초기에 걸친 시기의 식사풍경을 증언한 것이다.

“각자에게 하코젠이 있고, 그 하코젠에는 뚜껑이 있어서 그 뚜껑을 벗기고 그 위에 찻잔, 공기, 젓가락, 작은 접시 등을 꺼내서 먹었지요. 그래도 우리는 농민이니까 점심은 문지방에 걸터앉아서 오짜즈께로 간단하게 넘겼지요”

이 가정에서는 부엌은 6량 다다미 정도이고, 다다미와 나무판의 방도 있는 식사 전용 방이 있는데, 그 곳에는 “상 선반이 있으며, 방의 반 정도 폭이 열려 있고, 열린 곳의 선반에 서적을 넣어 두었어요. 그 외에 흙바닥부엌에 지금의 차 선반 같은 것이 보이고, 거기에 다른 물건을 넣는다거나 하네요”

“좌석 순번은 말이지 상좌 우측부터 먼저 아버지, 맏형, 다음 형이 앉고, 마주 보아서 하좌 우측부터 누이, 내가 앉고 어머니가 일을 해야 하니까 부엌에 가장 가까운 곳에 어머니가 앉아 있지요. 모두 모여서 먹었습니다. 방석은… 염두에 없었지요. 여하튼 방석은 손님의 물건이라고 생각했으니까 별로 써보려고도 하지 않았어요."

그 밖에도 청취조사 결과에서 남녀별 2열로 앉아서 식사를 한 사례가 몇 개 있다. 또 성별로 나뉘어져 2열로 마주 보고 있어서 당주 또는 당주의 아버지가 최상좌에 앉아서 거꾸로 된 'ㄷ'자형으로 상을 나란히 놓은 예도 있다. 또 공용의 그릇에 담은 부식을 에워싼 것 같이 둥근 바퀴모양으로 상을 놓은 가정 등, 다양한 식사 때의 앉는 순서가 있었다. 일반적으로 말하면 가장인 남성이 최상좌를 차지하고, 남성과 여성을 분리하는 경향이 현저하며, 여성은 아랫자리가 되는 장소에 위치하고, 음식을 분배하는 주부는 일하기에 편리한 흙바닥부엌 가까이에 앉는 사례가 많았다.

집 원리는 앉는 순서만이 아니라 사용하는 상에도 반영되고 있다. 청취조사 상대의 연령 관계로 각상의 식사풍경을 듣고 기록한 것은 메이지 후기부터 다이쇼 시대에 걸친 시기인 것이 많다. 지방의 차이와 직업 차이를 넘어 하코젠을 상용하는 식탁으로 하는 가정이 압도적으로 많다.

하코젠은 가로세로 30cm 정도인 것이 보통이나, 가족 중에서도 부친의 것이 가장 크고, 아이들 것이 가장 작은 대소의 차이가 있는 사례도 있다. 유아기는 모친이나 조모와 상을 공용해서 먹고 「혼자서 밥을 먹을 수 있게 되었다」고 할 때나, 초등학교 입학 전후에 혼자 사용하는 상이 배당되는 것에도 관계가 있는 것이다. 자신만의 상을 받게 된 때 「기뻤다」고 회고하는 사람도 있다. 「양친은 아이들의 하코젠보다 조금 큰 <夫婦膳>이라는 상에서 식사를 한다」라든가 새로운 하코젠을 시집올 때 도구로 가지고 들어오는 예도 있다.

지주층 집의 예에서는 「주인 가족은 꺼내 놓은 높은 하코젠에서, 고용인은 낮은 상자 모양인 것을 이용하였다」고 쓰여 있다. 식물사(食物史) 학자인 고 川上行藏 교수는 新潟縣長岡市의 지주 집에서 자랐으며, 메이지 30년경 「고용인과 같이 밥을 먹었고, 가족 중의 사람은 한 단 20cm 정도의 높은 곳에 앉는다. 각상으로 아이들도 초등학교 1년생이 되면 하코젠을 받는다. 어른이 되면 — 20세 이상은 다리가 붙은 상으로 한다. 여기에서도 아버지의 것은 훌륭한 것이고, 어머니는 조금 격이 낮은 것이다. 고용인은 하코젠이었다」라고 증언하고 있다.*18)

또 「한집의 주인인 증조부와 그 장남의 것은 高脚膳이라고 하는 여관 등에서 내오는 것과 같은 상을 사용하고, 그 외 가족은 會席膳이라는 쟁반(방형)에 짧은 다리가 붙은 것을」 사용하며, 고용인만이 하코젠을 사용하는 예도 있다.

가족이 모여서 식사를 하는 것이 보통인 일본에서도 각상시대에는 세대를 가장과 그 외 가족, 남성과 여성, 연장자와 소년, 가족과 고용인이라고 하는 집의 질서 원리를 근거로 분류하고, 그것이 식사 때 앉는 순서나 사용하는 식탁의 종류에 반영되는 식사풍경이 보통이었던 것이다.

주(注)

*1 植田啓司「膳の種類と歴史」石毛直道・井上忠司編「現代日本における家庭と食卓一 銘銘膳からチャブ台」p. 125～145, 國立民族學博物館, 1991년

*2 吉田惠二 「高坏」 田中琢・佐原眞 編 「日本考古學事典」 p. 531～532, 三省堂, 2002년

*3 都出比呂志「日本農耕社會の成立過程」岩波書店, 1989년

*4 佐原眞「箸と茶碗」「食の考古學」東京大學出版會, 1996년

*5 吉田惠二 「古代宮都における食器の系譜」「國學院大學紀要」 20, 國學院大學, 1982년

*6 植田啓司(*1)

*7 渡辺實「日本食生活史」p. 259, 吉川弘文館, 1964년

*8 植田啓司「日本の定式な膳について」石毛直道 編「論集 東アジアの食事文化」平凡社, 1985년

*9 關東民具研究會編 「南關東の共有膳椀一 ハレの食器をどうしていたか」關東民具研究會, 1999년

*10 三谷一馬 「江戸庶民風俗圖繪」 p. 189, 434, 三樹書房, 1975년

*11 澁澤敬三 編 「明治文化史 第12巻 生活」p. 210, 原書房, 1979년

*12 長井眞降・石毛直道「富山 歳慕・中元はブリ」石毛直道 編著「面談 たべもの誌」p. 178, 文藝春秋, 1989년

*13 千宗室 編「茶道古典全集」제4권, p. 11, 淡交社, 1956년

*14 越中哲也・石毛直道「長岐 出島から傳わる食文化」石毛直道 編著「面談 たべもの誌」p. 268～269, 文藝春秋, 1989년

*15 橘南谿 宗政五十緒校注 「東西遊記」 제2권, 東洋文庫, 平凡社, 1974년

*16 芳井敬郎 「食卓生活史の質的分析(その一)一 食事空間と食卓・食

器」「國立民族學博物館研究報告」別册16號, 1991년

*17 芳井文獻(*16)

*18 平田萬里遠・牧野宏子「川上行藏先生聞き書き一明治三十年越後長岡在の思い出」「季刊人類學」14권1호, 京都大學人類學研究會, 1983년

제5장 두레 반의 시대

불과 1세기 조금 전 시대의 일이지만 어떤 경로로 두레 반이라는 식탁이 출현하고 보급되었는가에 대해서는 분명하지 않은 점이 많다. 문명 개화기의 문헌을 찾아보아도 그 해답을 얻을 수가 없었다. 20세기 초반이 되어서 도시민의 식사에 두레 반이 사용되었다는 것을 알려주는 기록이 출현한다. 그 때까지의 사정을 밝힐 수 있는 자료가 지금까지 보이지 않는다.

1. 두레 반이라는 명칭

두레 반에는 싯뽀쿠 다이(卓袱台)라는 한자가 해당된다고 많이 말하지만 그 외에 다복태(茶袱台), 다부태(茶部台), 다무태(茶無台), 반태(飯台), 향태(餉台), 식태(食台), 식궤(食机) 등으로도 쓰여 있다. 이와 같이 표기가 일정하지 않은 것은 두레 반이라는 이름이 보급된 때에는 이미 어원이 불분명하게 이용되고 있었기 때문으로 본다.

두레 반 형식의 식탁을 「싯뽀쿠 다이」라고 하는 지방이 있다. 나가사키 싯뽀쿠 요리를 먹는 원형의 식탁을 싯뽀쿠 또는 싯뽀쿠 다이라고 부른 것에 기원하는 명칭이다. 그런데 제4장 「4. 근세의 공용 식사」 절에 기록한 것과 같이 싯뽀쿠라고 하는 말 그것의 어원은 모르는 것이다.

「日本國語大辭典」에 의하면 두레 반을 「싯뽀쿠 다이」라고 하는 지방은 富山縣礪波, 岐阜縣, 三重縣飯南郡, 但馬, 佐下縣, 長岐縣, 「싯뿌쿠 다이」라고 하는 지방은 富山縣, 岐阜縣益田郡, 兵庫縣美方郡汫坂, 쿠마모토현 南關, 사투리 발음으로 「싯푸쿠 다이」는 島根, 같은 사투리 발음인 「싯푸쿠 다이, 슈푸쿠 다이」라고 하는 것은 飛驒에서이다.*1) 상기 자료에는 없지만 현재에도 近畿圈에는 「싯포쿠 다이」라고 부르는 지방이 점재하고 있다.

이와 같은 분포로 본다면 싯뽀쿠 다이 계의 명칭은 나가사키에 기원하고, 佐下縣, 쿠마모토현 등 나가사키 주변에서 사용된 것으로 생각된다. 혼슈에서는 쿄토, 오사카를 중심으로 해서 분포된 어휘일 가능성이 높다.

앞에서 소개한 것과 같이 橘南谿에 의하면 享保年부터 카미가타에서는 싯뽀쿠 요리가 한때 유행하였다. 혼슈에서 싯뽀쿠 다이라고 하는 명칭이 에도시대의 수도 오사카에서 싯뽀쿠 요리의 식탁으로부터 기원하는 것으로 본다. 다만 나가사키 이외의 지방에서는 에도시대에 싯뽀쿠 다이를 가정의 식탁으로 사용한 것은 아니었다. 카미가타에도 싯뽀쿠 다이는 싯뽀쿠 요리를 제공하는 요리집의 식탁이었을 것이다. 메이지 시대가 되어서 가정에서 두레 반을 사용하게 되었을 때 전통 요리집의 식탁 이름이 채용되고, 카미가타 문화권으로 넓혀졌을 것으로 추정된다.

싯뽀쿠 요리를 탁복(卓袱)요리로 표기하므로 한자로 탁복태(卓袱台)라고 쓰면서 싯뽀쿠 다이라고 읽는 식으로 되었고, 이것을 챠브 다이로 읽게 되었다. 이것은 두레 반(챠브 다이)의 「챠브」라고 하는 말이 적용되는 마땅한 한자가 없는 말에 기원하고, 같은 형식의 식탁이었던 탁복태(卓袱台)로부터 빌려온 한자에 맞추어서 표기된 것임을 나타내고 있다.

챠브다이의 「챠브」의 어원으로서는 탁복(卓袱)의 중국음인 Cho-fu에 기원한다고 하는 설, 다반(茶飯)의 중국음 Cha-fan에 기원한다고 하는 설, 미국에서 고기나 채소 몇 종류를 일제히 볶은 팔보채와 비슷한 변형 중국요리를 찹수이 Chop-suey라고 하는 것에 기원한다는 설 등이 있으나 지금까지 정설은 없다.*2)

챠브다이와 동일한 어원을 갖는다고 생각되는 말에 「챠브야(屋)」가 있다. 1892(메이지 25)년에 간행된 山田美妙 編의 「日本大辭書」에서는 「챠브야 서양요리집」이라고 기록되어 있다. 챠브야라는 것은 요코하마, 고베 등의 개항장에서 주로 외국인을 고객으로 한 경음식점 또는 작은 요리점을 말한다. 챠브야는 후에 외국인 상대의 매춘부를 거느린 특수 음식점화 한다.

1871년에 간행된 假名垣魯文의 「西洋道中膝栗毛」의 제7편에서는 영국 박람회를 보러 가서 주인공이 홍해의 아테네에 기항한 때에 주인공은 챠브야와 같은 뜻인 「챠브챠브야」에 서서 기다리고 있었다고 하였다. 같은 해에 간행된 제10편에서는

> 카이로 도시에 도착해서 토쿄로 말하면 서양요리라고도 말할 수 없는 <챠브챠브야>에 들어가 각자 자기 의자에 허리를 펴고 앉아서 식탁 주변에 나란히 앉으면 차례로 술과 고기음식이 나온다.

라고 쓰여 있어 그런 끝에 술에 취한 주인공이 가벼운 입놀림 중에 「<챠브챠브>라고 분명하지 않은 소리로 <싯뽀쿠 다이>」라고 말하기도 하고, 흥에 겨워서 「<챠브 다이>를 통통 두드려 치면서 휠휠

춤추며」라고 묘사되어 있다.[*3)]

假名垣魯文은 1872년에 福澤諭吉의 「窮理圖解」의 패러디인 「胡瓜遺」라고 하는 서책을 간행하였으며, 그 중에서

> 서양요리는 상대의 빈틈을 노려서 자기의 이익을 도모하는 <챠브덴(店)>이다. 아이 참, 이놈 굉장히 이상한 음식인데! 식탁에 겁내지 않고 앉아서 먹어 봐야지.

라고 쓰여 있다.[*4)]

이렇게 보면 메이지 초기의 챠브야에서는 다이닝 · 테이블과 의자에서 식사를 하는 방식이고, 그 테이블을 챠브다이라고 부른 것을 알 수 있다. 또 챠브야의 테이블은 싯뽀쿠 다이를 연상시키는 식탁인 것도 있다.

챠브야는 「챠브챠브야」를 줄여 부른 명칭으로 생각된다. 村本孝博 · 平井聖이 메이지 · 다이쇼 시대의 사정을 자료로 한 챠브다이라고 하는 어휘의 조사에 의하면 앞에서 山田美妙의 「日本大辭書」에 「챠브다이 챠브챠브하는 台=食飯」라고 써 있는 것이 사전에 챠브다이가 처음 나오는 것이다.[*5)]

「챠브챠브」라고 하는 어휘는 「日本國語大辭典」에 의하면,

> 부사(副詞) (1) 차즈께, 또는 물이나 술 등을 먹거나 마시거나 하는 모양을 나타내는 말. *가부끼(歌舞伎) · 三國三朝良薬噺(忘れ薬) 「여기 주인은 벌이를 잘 하는 사람이었는데 근래는 술에 취해서 흔들흔들 챠브챠브 다닐 뿐」 (2) 물이나 국물을 저으면서 섞어 주는 음을 표현하는 말.
>
> 명사(名詞) (1) 식사하는 것. 국물이 있는 것을 먹는 소리로부터

나온 말이다. *安愚樂鍋<假名垣魯文> 3・상 「가야할 곳을 뒤로 돌리고 平岩에서 마시는 모임 챠브챠브를 정하자고」 *西洋道中膝栗毛 <假名垣魯文> 7・상 「당신들 식사(챠브챠브) 하지 않습니까」 (2) 목욕을 지칭하는 어린아이의 말[*6)]로 되어 있다.

그렇다면 챠브의 어원(語源)을 중국어나 미국어에서 구원을 청하여 설명할 수가 있을런지? 메이지 초기의 요코하마 영어라고 한다. 이 요코하마 영어에서는 식사하는 것을 「챠브챠브」라고 하였다. 개항장(開港場)에서 일본어로 부자유한 외국인들에게 발음하기 쉽고 소리내기 쉬운 말로서 먹는다는 것을 「챠브챠브」라고 표현한 것이다.[*7)]

즉 먹는다는 것을 「챠브챠브」, 외국인 상대의 식당을 「챠브챠브야」라고 부르던 것이 단축되어서 먹는다는 것을 「챠브」, 식당을 「챠브야」라고 하게 되었다고 추정하는 것이다.

챠브야에서 사용하는 「챠브챠브다이」 내지 「챠브台」는 의자에 둘러앉아 있는 다이닝・테이블이었다. 후에 일본 집에서 사용하는 상좌식(床座式)의 키가 얕은 싯뽀쿠 다이 식의 식탁이 보급되기 시작하면서 좌식과 의자식의 차이가 생기나, 식사에 참여하는 사람들끼리 같은 식탁을 둘러앉는 공통점으로부터 「챠브다이」라고 하는 명칭이 채용된 것일 것이다. 요코하마 영어와 관계가 있는 말이라면 챠브다이의 명칭은 關東으로부터 보급된 것으로 생각된다.

2. 두레 반이란?

접을 수 있는 다리를 가진 식탁을 두레 반이라고 하는 경우가 많지만, 여기에서는 상좌식으로 여러 사람들이 둘러앉아서 사용하는 소형의 식탁을 전부 두레 반의 카테고리에 포함시키기로 한다. 정의라고까지는 할 수 없지만 일반적으로 두레 반이라는 것은 어떤 식탁인가에 대하여 설명하려고 한다.

두레 반은 앉아서 사용하는 소형의 식탁으로 보통은 짧은 네 다리를 갖고 다리부분이 접힐 수 있는 것이 많다. 식기를 나란히 놓는 판상의 부분을 가구 관계자는 갑판(甲板)이라고 부른다. 갑판의 모양으로는 원형·정방형·장방형이 있고, 장방형인 경우는 가로 세로의 비율이 겨우 1대 1.5 정도로 아주 가늘고, 긴 것은 아니다. 가늘고 긴 것을 한다이(飯台), 궤(机)라고 하는 명칭으로 구별하는 것도 있다.

현재의 다이닝·테이블에 비하면 갑판은 작다. 1940(쇼와15)년에 상공성의 공예지도소가 전쟁 시에 생활용품의 규격화를 시도한 적이 있다. 두레 반을 「식탁자(食卓子)」라고 기록하고 환형, 각형의 두 종류의 갑판을 대·중·소로 구별하고 합계 6종류의 규격을 제정하고 있다(표 5 참조).

「성능은 환형의 대는 6~7인, 중은 5인, 소는 4인, 각형의 대는 6인, 중 및 소는 4인의 식기를 배치하여 사용하도록 한다」로 되어 있다.*8)

환형의 대(大)인 것도 직경 1m도 안 되며, 여기에 6~7인이 둘러앉기 때문에 상당히 작다. 6인이 책상다리를 하고 둘러앉는다는 것은

표 5 두레 반의 전쟁 시 규격[단위는 촌(寸) *8 문헌에서 인용]

	대	중	소
환 형	29.0(지름)	24.0(지름)	19.0(지름)
각 형	29.0×24.0	24.0×19.0	19.0×19.0

높이는 모두 9촌 5푼. 갑판 두께는 5푼~6푼

불가능하고, 정좌(正座)로 사용하지 않으면 안 된다. 6인이 사용할 때 한 사람 분의 식기 놓는 면적은 하코젠의 식사에 비하면 좁다.

전시 중의 규격이기 때문에 왜소하다고 할 수는 없다. 이것이 두레 반의 표준적인 사이즈인 것으로 생각해도 좋다.*9)

「칠을 할 때 갑판은 칠기 칠로 끝맺음하고, 다리부분은 라카 칠로 끝맺음 할 것」이라고 공예지도소에서는 지정하고 있으며, 이것이 쇼와 시기의 두레 반의 표준인 것이다. 실제로는 여러 가지 칠을 한 것이 있었으나 상용되는 도구 중에서는 고급 끝맺음을 한 것이 적었다.

다리가 고정된 두레 반도 있으나 다리를 접는 형식의 것이 많다. 다이닝·테이블처럼 항상 같은 장소에 놓이는 것이 아니고 두레 반은 이동을 전제로 하는 사용법이 일반적이다. 식사가 끝나면 정리하고, 거기에 자리를 깔고 식사 공간이 침실로 변하는 사용 방법이다.

그래서 가볍고 보관성이 뛰어난 것이 필요하므로 접을 수 있는 다리를 붙인 것이 많다. 각상도 포터블 가구이지만 판을 깐 부엌이나 흙바닥부엌에 상 선반이라고 하는 상을 보관하기 위한 대형 가구가 필요하였다. 그에 비하면 접는 다리의 두레반은 수납면적이 적다. 다리를 접기 때문에 식사를 끝낸 방에 세워 두어도 좋다.

갑판 중앙에 풍로를 수납할 수 있는 스키야키용 두레 반도 있다. 풍로를 사용하지 않는 때에는 구멍에 뚜껑을 덮어 보통의 두레 반으로 사용한다.

두레 반 이외에 메이지 시대가 되면서 사용하게 된 공용의 식탁으로 좌탁(座卓)이 있다. 좌탁은 객실이 있는 상·중류 가정에서 사용된다. 중국가구 중에서 탁자의 다리를 짧게 하고, 다다미 위에 앉아서 사용할 수 있는 형태로 한 장방형 가구이다. 좌탁은 묵직한 중량감이 있고, 일반적으로 두레 반보다 대형이며, 단단하게 고정된 다리가 있고, 장식 조각이 붙어 있는 것이 많다.

두레 반이 가족식사 장에서 사용되는 것인데 대하여 좌탁(座卓)은 다다미방에서 앉아서 하는 것이 보통이다. 손님용 가구이나 책을 보거나 집필용 책상으로도 사용된다. 손님과 식사를 함께하는 사람은 다다미방의 좌탁에서 먹고, 다른 가족은 평소에 식사하는 방에서 두레 반 또는 각상에서 먹는다. 좌탁은 비일상적인 식탁이다.

1901(메이지 34)년에 발간된 「和洋家具雛形」에서는 좌탁을 그린 그림 「싯뽀쿠 다이의 그림」이라는 해설이 붙어 있는 것에서 알 수 있는 것과 같이 좌탁을 싯뽀쿠 다이라고 하고 있었다는 것에 유의할 필요가 있다.[*10)]

3. 두레 반의 등장

챠브야의 식탁인 서양 다이닝・테이블을 일본 방에 앉아서 사용하기 위하여 다리를 짧게 한 것이 두레 반(챠브 다이)의 기원일까? 또는 막부 말기에는 이미 좌식으로 이용될 수 있는 형태로 되어 버린 원형 갑판의 싯뽀쿠 다이로부터 메이지 시대의 두레 반이 출발하였을까?

그 일을 구체적으로 논증하기 위한 적당한 자료를 가지고 있는 것은 아니다. 우리들의 공동연구 외에 그 문제를 추구하려고 시도한 것으로 앞에서 소개한 村本孝博・平井聖의 「메이지 시기의 가정학서・사서 등에서 본 공동으로 식탁을 둘러앉는 상좌식의 식사형식과 식탁에 대하여(챠브다이考)」라고 하는 논문이 있다. 그것은 주로 두레 반 식의 식탁 명칭을 보이는 어휘자료를 검토한 논고이고, 물질문화로서 두레 반의 기원에 대하여는 설명하지 못하고 있다.[*11)]

나가사키 이외의 장소에서 싯뽀쿠 다이는 싯뽀쿠 요리를 제공하는 요릿집의 식탁이었다. 요코하마의 챠브 다이, 챠브챠브 다이도 서양 요리집의 테이블에서 기원한다. 그렇다고 하면 요릿집에서 회식의 식탁을 가정으로 가져와 메이지 시대에 두레 반이 성립된 것으로 생각해도 좋을 것이다. 그러나 초기 두레 반 형태의 변천을 논증하기 위하여 메이지 초기의 기년(紀年) 이름이 있는 두레 반 식의 식탁이 몇 개라도 발견되어야 하지만, 이와 같은 자료가 아직 보이지 않는다.

정리하기에 편리하고, 또한 두는 장소가 필요 없으면서 다리를 접는 기능이 부가되므로 두레 반 형식의 식탁이 비약적으로 보급되었다고 생각된다. 공동 연구자인 山口昌伴은 특허 자료를 탐색해서 1891(메이지 24)년에 大分縣의 後藤友6과 中山芳3이 특허출원한 「탁자(접는 다리)」인 것이 그 후의 일반적이었던 두레 반의 기능을 이미 갖추고 있었던 것임이 밝혀졌다.

이 특허 제1188호의 출원증명서의 그림에 있는 것과 같이 원형의 갑판 아래 보관에 편리하도록 다리를 접는 장치를 붙인 것이 특허의 골자이다(그림 19). 「이 발명은 두었다 쓰기에 편리하도록 다리를 자유로이 폈다 접었다 할 수 있게 만든 탁자」라고 출원명세서에 설명되어 있으며, 2개 한조로 되어서 기복(起伏)되는 다리와 펴진 다리가 내측으로 쓰러져 들어오는 것을 방지하기 위하여 버티는 판인 간(杆)=속칭 탁탁(접을 때 나는 소리)(그림 19의 제2 그림)이가 갖추어진 탁(卓)에 있다. 이 접는 다리의 시작은 후에 두레 반의 기본적인 기능이 된 것이다.

접는 다리의 기능은 일본 목공의 전통이 있는 기술을 가구에 응용한 것으로서, 서양 테이블을 생각하게 하는 원형의 갑판인 것, 서양풍으로 짜여 진 모양의 다리가 붙은 것 등, 여러 가지 점에서 서양풍 가구를 의식한 디자인이라는 것을 山口는 지적하고 있다. 두레 반은 일본에서 발명된 서양풍 가구이고, 그 접는 다리 기능의 편리함과 더

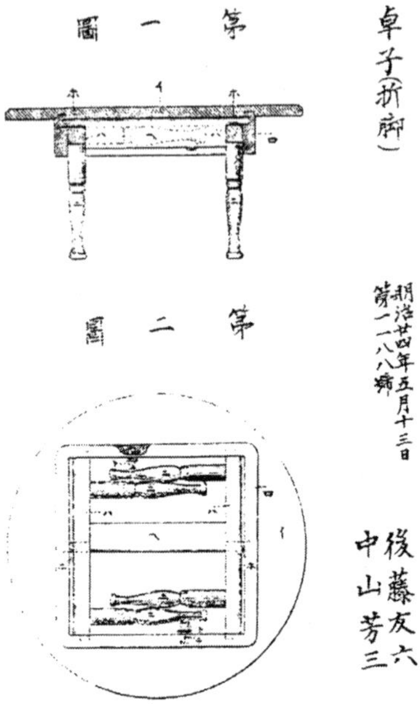

그림 19 특허 제 1188호 출원명세서

불어 서양풍인 이유 때문에 보급에 박차를 가하게 된 것이 아닌가 하는 것이 山口의 의견이다.*[12)]

다리가 접히지 않는 좌식의 식탁은 이미 존재하고 있었기 때문에 다리를 접는 기능을 갖춘 좌식의 탁자가 특허신청된 것이다.

1893(메이지 26)년에 간행된「동경백사유행안내(東京百事流行案內)」의「화로(火鉢)의 유행형」페이지에 다음과 같이 쓰여 있다.*[13)]

메이지 이전 제후에게 사용되던 서원(書院) 화로는 그 형이 고상해서 간편한 대작(對酌) 시에는 식탁 대용으로 되고, 특히 탕두부, 모듬냄비 등에 아주 편리하다면서 가끔 골동품 집에 나오면 정신없이 팔려버릴 정도로 유행하는 것이기 때문에 지금은 이 대(代)의 오래된 옻칠을 한 칠기인 각궤(角机)를 사용하게 되었다.

一閑張의 서원 화로의 삽화가 준비되어 있으며, 방형의 좌탁(座卓) 상의 갑판에 큰 구멍을 파고 그곳에 사발형의 화로가 박혀 넣어져 있다(그림 20).

본래는 난방용인 가구이었을 것이나 냄비를 사용해도 좋다고 하는 서원 화로는 후에 와서 스키야키용의 풍로를 박아 넣은 두레 반과 기능적으로 연결되는 것이다.

「식탁(食卓)」이라는 한자 옆에 「챠브다이」라는 음을 단 것이 주목을 끈다. 이 자료에 의하면 메이지 20년대에는 좌식 두레 반이 사용되고 있었다는 것으로 단정할 수 있다.

1903(메이지 36)년에 村井弦齊가 신문에 연재한 소설 「식도락(食道樂)」은 식생활 개선을 주제로 서구풍의 요리 만드는 방법을 소개하거나 영양학적 지식계몽을 소설화한 요리소설이라고 할 수 있는 작품이다. 이 소설 주인공들의 식사풍경에는 각상과 두레 반과 같은 큰 식탁 두 종류가 나온다. 대형 식탁에 대해서는 「이윽고 만찬을 준

그림 20 一閑張의 서원 화로(*8 문헌에서 인용)

비해 내오는 하녀가 큰 식탁을 가지고 나온다」고 쓰여 있다. 하녀가 다다미방으로 운반해 온 「큰 식탁」은 다이닝・테이블이 아닌 것이 분명하다. "좌탁도 다다미에 항상 놓여 있는 것이 보통이고 무거운 것이므로 들고 나올 가능성은 없을 것이다"라고 한다면 두레 반일 개연성이 높다.

다음에 이 소설에서 항상 일본 가정에서 매일 서양요리를 먹을 수가 있는가 어떤가를 논하는 문답의 일절을 인용해 본다.

부엌의 설비부터 부엌 도구에 이르는 모든 것이 일본요리에 적당하기 때문에 서양요리 만들기가 힘들다고 생각하였다. 그런 습관 때문에 지금에 와서 대부분의 집에 식탁이 놓여지게 되었을 것이다. 다다미 위의 평평한 상에서 음식을 먹지 않고 식탁 위에서 먹게 된 것은 일반적으로 볼 때 진보한 것임에 틀림없다. 그것이 더 한층 진보되면 서양요리를 하는 일은 아무 일도 아니다.[*14)]

여기에서 말하는 「대개의 집」이라는 것은 주인공들이 소속하는 계층인 토쿄 시중의 중류 이상의 가정을 가리키는 것이다. 평평한 상이 아닌 식탁이 다이닝・테이블이 아니라는 것은 아니다. 게다가 일상의 식사를 좌탁에서 하는 것도 아니다. 소거법(消去法)으로 남는 것은 두레 반이다. 즉 당시 토쿄에서 중류 이상의 지식인들의 가정은 각상에서 두레 반으로의 이행기에 있었다고 생각된다. 이 소설 주인공의 한 사람인 지방 출신의 문학사가 토쿄에 마련한 집에서 하녀에게 요리를 시켜서 상에서 식사를 하고 있다.

多田道太郎에 의하면 근대소설에 두레 반이 나타나는 것은 1909(메이지 42)년 신문에 연재된 參田草平의 「매연(煤煙)」과 다음 해에 간행된 夏目漱石의 「문(門)」이 처음이다.[*15)] 「매연(煤煙)」에서

「작은 어머니는 두레 반 위에 작은 접시나 공기를 엎어 놓고」라고 있다. 「문(門)」의 주인공 집에는 부부와 하녀 세 사람이 살고 있다. 부부는 두레 반에서 식사를 하고, 하녀는 부부와 별도로 혼자서 작은 상에서 먹는 것이 이 소설에 묘사된 가정의 풍습인 것 같다.

민속학자인 宮本聲太郎은 일반 가정에서 두레 반이 사용된 것은 메이지 중기부터 다이쇼가 되면서 도시에서 유행하고 드디어 지방의 농어촌에도 널리 보급되었다고 설명하고 있다.*16)

그러나 우리 조사자들의 조사결과에서는 각상에서 두레 반으로의 이행은 반드시 한 가지 모양으로 이루어진 것은 아니었다. 도시로 이주해온 사람들의 가정에서는 다이쇼 시대 말부터 쇼와 초기에 걸친 시기에 두레 반을 사용한 가정이 많았고, 농촌에서 두레 반으로 변화한 피크는 쇼와 9년이며, 두레 반은 도시에서는 빠르게 보급되고 농촌에서는 느리다고 하는 일반적인 경향이 우리 조사자들의 조사에서도 확인될 수 있었다. 다만 메이지 시대에 두레 반을 사용해 온 것이 확인되는 가정에 대해서는 후에 설명하기로 한다.

4. 두레 반의 이데올로기

남녀별, 연장자와 젊은 사람의 순서에 차이를 두는 원리에 따라서 상을 차리는 식사는 가장(家長)을 정점으로 하는 「집의 원리」를 반영하는 것이었다. 집 안에 신령을 모시는 방이나 불단에 작게 담은 밥이나 물을 받치는 것으로부터 식사를 시작한다거나, 여행이나 군대에 나가 있는 가족 중 부재자의 안녕을 비는 가정도 있고, 식사를 시작할 때 합장하는 습관이 있는 가정도 있다. 각상 식사는 신불이나 조상도 참여하는 일상생활에서 조그마한 의례로서의 성격을 가지고 있는 것이다. 그러므로 가족끼리의 식사임에도 뭔가 약간 긴장감이 돌고 있는 것이다.

두레 반이라고 하는 새로운 식탁이 등장하여도 각상에서 하던 식사 때의 분위기가 다분히 남아 있다고 생각된다. 그러나 이 새로운 식탁에 이데올로기를 붙여서 「단란함」의 사상을 주장하는 논자들이 나타났다.

이것을 맨 먼저 주장한 사람은 사회주의자인 堺利彦이다. 그 사람은 1903(메이지 36)년에 간행된 「家庭新風味」에서 다음과 같이 설명하고 있다(현대어 번역판에서 인용).

식사 때는 즉 가족회가 열리는 것이다. 말하자면 일가의 단란한 모습은 식사 때에 가장 많다. 이러한 점에서 생각하면 가족의 식사는 반드시 동시에 동일한 식탁에서 이루어져야만 할 것이다. 식탁이라고 하면 둥글거나 네모나거나 간에 커다란 한 개의 대 모양인 것으로 테이블이라고 해도 좋고, 두레 반이라고 해도 좋다. 특히 종래의 상이라고 하는 모양을 없애야 한다고 나는 생각한다.

따라서 동시에 동일 식탁에서 식사를 한다면 모두 같은 것을 먹을 수 없다는 것은 물론이다. 세상에는 멋대로 구는 남자가 있어서 자신은 매일 밤에 반주와 안주로 소향연을 벌리고, 처자에게는 다른 방에서 대충 식사를 하게 하는 일이 있다. 이것은 실로 몰인정하고 부도덕하고 괘씸한 일이다. (중략)

내 생각으로는 작은 집이라도 하녀까지 다른 가족과 함께 식사를 시키고 싶다고까지 생각한다. 하녀 한 사람에게 같은 음식을 나누어 준다고 해서 총액이 그렇게 크게 증가하는 것은 아니다. (중략)

배가 고프니까 밥을 먹는다고 말한다면 식사는 바로 인생 생활에 필요하기 때문에 별로 아무 의미도 없고 어떤 즐거움도 없는 일이 되지만, 모든 인간사는 신체적인 욕망에 마음의 정이 따르는 것으로서 필요성 반, 취미 반, 주거에서도, 옷에서도, 그러니까 식사도 같은 것이다. 배를 불리기 위해서만은 물론 아니다. 그래서 앞에서 말한 것처럼 식탁에서는 노력해서 일가 단란 화락하는 정취를 나타내도록 하여 되도록 이면 식탁을 즐기는 풍을 키우는 것이 좋다. 아침 식사를 한 가지 예(藝)로서 가르치는 전국(戰國)시대 무사의 집에서는 필요하였겠지만 우리들의 가정에서는 위생상으로 말하거나 취미 상으로 보아도 결코 재미있는 일은 아니다.*17)

가정의 식사는 가족 모두가 하나의 식탁에 둘러앉아서 일가족 끼리 단란하게 가족 커뮤니케이션 장으로 하기에 적당하다고 堺利彥은 주장하고 있다. 또 집 제도원리를 반영하여 가족 내 음식 격차를 없애고 하녀에게 이르기까지 같은 음식을 분배하는 것이 바람직하다고 한다.

이것은 堺가 「존경하고 희망을 주는 중등사회」로 「평민주의의 아름다운 가정」을 실현하기 위하여 제외할 수 없는 방법이었다. 그는 식탁이 「가정의 민주화」에 의해서 중요한 역할을 분명하게 할 것을 예측하고 있는 것이다. 그 때문에 각상이 아니고 「테이블이라고 해도 좋고 싯뽀쿠 다이라고 해도 좋다」 식탁으로 이행이 불가결한 조건이기 때문이다.

또 금욕적인 식사관이 아니고 식사를 적극적으로 즐기기에 적당하다고 설명하고 있다. 무사계급을 중심으로 형성된 금욕적인 식사관으로는 남자가 식사에 집착하는 것은 「좀스러운」 것이고, 「무사는 먹지 않아도 배부른 척 해야 한다」로 된다. 메이지 시대가 되면서 무사의 금욕적인 도덕이 전 국민에게 보급되는 움직임이 현저했지만 堺는 그것을 부정하고 있다.

「福翁自傳」에 무사 출신인 福澤諭吉은 어릴 때 「아침에 뭔가 조금 먹는 것이 무사의 즐거움」이라고 들었다고 설명하고 있다. 아침을 미덕으로 하는 것은 무사사회에 기원하는 것일까. 그것은 상가의 고용인이나 메이지 이후 군대에도 계승되었다. 식사는 신진대사를 충족시키면 좋을 뿐이고, 오래도록 식사를 즐기는 것은 근로시간을 낭비하는 악덕이라고 하는 관념이 있다.

제2차 대전 후 시작된 국민생활 시간조사에 의하면 하루 동안 식사시간의 합계가 평균 70분대이었던 것이 1970년 이후는 90분대로 변화하였다. 식사시간이 길어졌다는 것은 식사를 즐겁게 하는 것에 대한 죄악감이 없어졌다는 것을 의미하고, 이와 같은 상황에서 식도락가처럼 되는 것이다라고 堺는 맨 처음으로 식사를 즐기는 것에 대하여 설명하고 있다.*18).

堺利彦으로부터 시기는 상당히 뒤가 되지만 1925(다이쇼 14)년의 「婦人畵報」에 倉橋惣三이 堺와 같은 취지의 「가정과 식탁」이라고 하는 문장을 기고하고 있다.

가정의 중심은 식탁에 있다고 말하면서 어찌 보면 미천하게 먹는 행동처럼 들린다. 그러나 행복한 가정생활에서 식탁이 여하히 중요한 역할을 하는가는 몇 사람이라 하더라도 거절하는 것은 할 수 없다는 것이다. (중략)

가족 모두가 둘러앉는 작은 두레 반 위에도 가정 식탁의 진미는 담겨진다. (중략)

가정의 식탁 맛은 식품 맛만이 아니고 하나의 의미로서 단락의 맛이 들어있지 않으면 안 된다. 탁상의 접시 수는 적어도 일가족끼리 화기애애하게 부담 없이 담소하는 중에 젓가락질 하므로써 식품 이외 무한한 맛이 자꾸 솟아 나오게 한다. (중략)

요사이 한 사람 한 사람 모두가 다른 일로 바쁘게 살기 때문에 가정 식탁만이 최소한의 가족 회동의 시간이 되는 경우도 드물지 않다. 그 유쾌함이 얼마나 즐겁고 식사를 맛있게 하는가는 아버지의 귀가가 늦은 날의 식탁이 허전하고, 가족 한 사람이라도 불쾌하게 되어 식탁에 함께 앉지 않았을 때에 실감할 수 있게 된다. 별식이 없을 때라도 한 가족이 함께 모였다는 것이 가정 식탁에서의 소중한 맛이 되지 아니하면 안 되는 것이다.*19)

이 「가족 모두가 둘러앉은 작은 두레 반」이나 「혼자 바빠서 가정을 멀리 하는 사람」의 이미지는 도시에 거주하는 근로자의 핵가족으로 보아도 좋을 것이다. 倉橋는 앞에서 쓴 식사 시의 단란함에 대해서 설명한 후 「가정 식탁에는 단란이라고 하는 의미 외에 독특한 맛을 갖추고 있는 것이 있다. 그것은 다른 데에는 없다. 그 한 가지 요리마다 깃들여 있는 주부 마음의 맛이 있다」고 설명하고, 「주부는 가정 식탁을 만들며」 「가정생활의 중심 역할」이라고 한다. 가정의 일상생활은 가장이 아니고 주부를 중심으로 전개되기에 적당한 것이라 할 수 있다. 당시의 근대적 가족상이 읽혀진다.

이 倉橋의 논설이 게재된 「婦人畵報」와 동일한 호에 「일가 단란한 맛이 풍부한 ― 냄비요리 여러 가지」라고 하는 기사가 실렸다. 두레 반과 나란히 냄비요리가 가족 단란함의 수단이 되는 것이다. 두레 반을 가족이 둘러앉아 식사하는 방식은 냄비요리를 둘러앉는 것에도 통한다. 에도시대에 하나의 냄비에 직접 젓가락을 대고 집어 먹어 친밀한 관계를 이루어 주는 요리를 「싯뽀쿠」라고 부른 예가 있으나 그것은 냄비요리와 식탁의 형식이 유사하다는 것을 말하는 것일 것이다.

옛날에는 柳田國男이 「明治大政史 世相編」에서 설명하고 있는 것과 같이 집에서 특정한 사람만이 작은 냄비 앞에 앉아서 먹으면 집의 질서를 해치는 것이라고 비난받는다. 앞에서 설명한 것과 같이 냄비요리가 유행하는 것은 메이지 이후이다. 柳田은 「따뜻한 밥과 미소 시루와 아사즈께와 차로 하는 생활은 실은 현재의 최소 가족제가 근근이 이어지게 하는 신양식이다」라고 한다.[*20)]

초기에 두레 반을 채용한 이 새로운 식탁에서 식사를 하게 된 것은 집의 질서로 묶인 대가족을 떠나서 도시에 거주하는 「최소 가족제」인 핵가족의 가정에서 있었을 것으로 추정된다.

다만, 두레 반을 사용하게 되었기 때문에 식자들이 희망하는 가족 「단란함」의 장으로서 식사풍경이 출현한 것만은 아니었다. 후에 설명하는 것과 같이 많은 가정에서는 두레 반에서 하던 식사가 각상을 사용한 시대 분위기의 연장선상에 있는 것이었다. 두레 반을 채용한 때문이라고 해서 「가정의 민주화」라는 이데올로기가 베어든 것은 아니다. 그것은 다이닝・테이블의 식사시대가 되어서 처음으로 실현된 것이다.

주(注)

*1 日本大辭典刊行會「日本國語大辭典」제1판 9, p. 661, 小學館, 1974년

*2 *1과 동일

*3 假名坦魯文「西洋道中膝栗毛」「明治文學全集」1, p. 65, 94～95, 筑摩書房, 1966년

*4 假名坦魯文「河童相傳胡瓜遺」「明治文學全集」1, p. 171, 筑摩書房, 1966년

*5 村本孝博・平井聖「明治期の家政學書・辭書等からみた共同で食卓を囲む床座式の食事形式と食卓について(チャブ台考」「生活文化史」3, p. 102, 日本生活文化史學會, 1984년

*6 *1과 동일

*7 ヨコハマ市立大學經濟硏究所編「ヨコハマ經濟・文化辭典」p. 417, 有隣堂, 1958년

*8 商工省工藝指導所「第2會國民生活用品展出品規格型(案)について」「工藝ニュ-ス」5, p. 143, 1940년

*9 두레 반의 형태와 규격에 대하여 자세하게는 공동연구자인 山口와 車의 아래 논문을 참조하였다.

山口昌伴「チャブダイの正體 — その姿と形態の變遷とその意味」石毛直道・井上忠司編「現代日本における家庭と食卓 — 銘銘膳からチャブ台へ」國立民族博物館, 1991년

車政弘「チャブ台の生産と流通」石毛直道・井上忠司編「現代日本における家庭と食卓 — 銘銘膳からチャブ台へ」國立民族博物館, 1991년

*10 泉孝次郎「和洋家具雛形」靜華堂書店, 1901년

*11 村本・平井 문헌(*5)

*12 자세한 것은 山口 논문(*9)을 참조하시오.

*13 小木新造・熊倉功夫・上野千鶴子校注「日本近代思想體系23 風俗性」p. 133, 岩波書店, 1990년

*14 村井弦齊「增補注釋 食道樂」(復刻版) 春の卷 p. 85, 秋の卷 p. 276～278, 紫田書店, 1976년

*15 多田道太郎「風俗學 — 路上の思考」p. 74, 文庫, 筑波書房, 1987년

*16 宮本聲太郎「めし・みそ・わん」p. 259～260, 岩崎美術社, 1973년

*17 堺利彥「新家庭論」(「家庭の新風味」改題) p. 104～105, 220, 講淡社學術文庫, 1979년

*18 石毛直道「食事の文明論」p. 41, 中公新書, 1982년

*19 倉橋惣三「家庭と食卓」「婦人畵報」11월호, p. 18～19, 1925년

*20 柳田國男「明治大正史 世相編」p. 77, 朝日新聞社, 1932년

제6장 현대의 식탁

한때는 일본인의 표준적인 식탁이 형성될 때까지 보급된 두레 반이 있었으나 제 2차 대전 후 가정에서 생활양식의 변화와 함께 의자, 테이블식의 식탁이 주류를 이루었다. 또 집 제도가 붕괴되고 가정의 「민주화」가 따라 일어났고, 식탁에서는 단란함이 실현되었으나 그것은 텔레비전의 보급과 관계가 있는 사항이다. 그 동안의 사정으로 또 사람들의 기억에 새로운 것이 생겨나 본 책에서는 간단히 스케치 해 두려고 한다.

여기에서는 조사자들이 청취 조사한 사례를 인용하면서 기술한다. 조사의 개요나 사례번호에 대해서는 표 7(p. 159)의 체크 리스트를 참조해 주길 바란다.

1. 두레 반의 쇠퇴와 테이블의 보급

제7장에서 설명한 바와 같이 조사자들의 조사에서 각 가정의 식탁 변천 경과를 알 수 있는 284예 중 각상에서부터 직접 테이블식의 식탁으로 변화한 것은 두 가지 예 밖에 없으며, 모두 두레 반을 경유하여 현재 사용하고 있는 식탁으로 이행한 것으로 되어 일본 대부분의 가정이 한 번은 두레 반을 사용한 경위를 거쳤다고 할 수 있다.

이와 같이 모든 국민의 표준적인 식탁 자리를 차지한 두레 반이 1950년부터 쇠퇴하고 의자, 테이블 식 식탁 중심으로 바뀌게 되었다.

1989년 12월에 매일신문이 전국에서 20세 이상 3,000명의 남녀를 대상으로 하여 행한 회수율 75%인 식생활에 관한 여론조사를 행하였다.

이 조사에서 「집에서 식사를 하는 때 테이블과 좌탁 중 어느 것에서 많이 합니까」라는 설문에 대해서 테이블을 사용한다고 답한 사람이 55%이고, 좌탁이라고 답한 사람이 39%, 테이블과 좌탁이 반반이라고 답한 사람이 6%라는 결과이었다고 하였다. 이 설문에서 좌탁이라는 것은 두레 반을 포함한 넓은 의미의 좌탁이다.

남녀 모두 테이블파는 30, 40대가 가장 많았고, 20대가 가장 적었으며, 그것은 주택 또는 가족 구성과 관계가 있으며, 작은 아이들이 있는 연대는 테이블을 이용하고, 방이 좁은 젊은 사람은 하는 수 없이 좌탁을 선택한다고 해설되고 있다.

좌탁 사용이 월등한 것은 북 關東과 東北이며, 테이블파가 눈에 띄는 것은 東海, 中國, 北海道이고, 각종 직업 중에서는 농림어업에 테이블파가 가장 많았었다.*1)

1919(다이쇼 8)년에 「생활개선 동맹회」가 결성되었고, 의자를 사용하는 가정생활을 하도록 계몽하였으나, 제2차 대전 이전까지 다이닝·테이블을 사용한 가정의 수는 미미하였다.

일반으로 테이블 식의 식탁이 보급된 것은 1956(쇼와 31)년에 일본 주택공단이 2DK의 집합주택을 공급하면서부터라고 하지만, 그 이전 쇼와 20년대 당시 농림성의 생활개선 보급원들이 밀어붙인 농가 「부엌개선」 사업의 일환으로서 의자에 앉아서 식사하도록 장려되고, 그와 같은 식사방식을 받아들인 가정이 있었다는 것을 잊어서는

안 된다.*2)

농가에서 점심때에는 흙바닥부엌을 개조하여 식사 장으로 들여 놓은 테이블과 걸상에서 흙발 그대로 먹기 편리하므로 주거 면적이 큰 농가에서는 그와 같은 개조가 가능하였다. 마이니치신문의 조사에서도 농림어업에 테이블 사용이 가장 많다고 한 결과는 이러한 사정과 관계가 있는 것으로 생각된다.

조사자들이 행한 청취 조사에서 長野縣伊那郡 농가의 사례를 인용해 본다. 이것은 「생활개선」 사업에서 농가 부엌개선의 맥에 따른 것이라 생각된다.

[사례 93] 종전 후 조금 지나서 현재의 의자식 테이블로 변하였으며, 그 이유는 일을 끝내고 점심에 돌아온 때 발은 더러워져 있고, 또 흙 묻은 버선을 갈아 신는 것이 번거로우므로 의자식 테이블에서는 발이 더러운 그대로 식사를 할 수 있다. 먹는 장소는 흙바닥 위에 얇은 판을 깐 것으로 모두 흙발로 올라가서 의자에 앉는 것이 거실에서 의자에 앉는 것처럼 되는 것이다.

농가가 쇼와 20년대부터 30년대 초에 테이블을 사용한 예는 조사자들이 청취 조사한 결과에서도 몇 가지가 나타난다. 이 때는 또 식당 세트가 보급되지 않았으므로 테이블에 벤치 식의 걸상이나 보통 의자를 조합하여 사용하고 있었다.

주택공단의 2DK와 격차가 있는 집합주택은 당초부터 다이닝・키친을 예정해서 설계한 것이 아니고, 예산 관계상 식당에 맞는 방을 만든다는 것이 불가능하므로 부엌에서 식사를 하는 스타일로 되면서 「침식 분리」를 실현시키게 된 것이다.

입주자가 부엌에서 식사를 할까 어쩔까 공단 측에서도 염려하고 있었고, 당시 서양풍 가구는 나와 있지 않았으며, 다이닝・테이블과 의자를 갖추어 놓고는 고가를 매겼다. 그래서 당초의 2DK에는 입주 시에 이미 테이블을 준비해서 붙여 두고 입주자는 의자만 구입하면 된다고 하는 것이었다.*3)

다이닝・키친이 출현한 것은 전기청소기가 보급되기 전 시기이나, 이 때 건축가들 사이에서는 「침식 분리」에 대하여 떠들썩하였다. 이부자리를 깔 때에 먼지가 나는 장소에서 식사하는 것은 비위생적인 것이다. 그래서 결과적으로 거실, 두레 반을 부정하게 되었다.

식당 전용의 공간 면적을 확보하는 것이 곤란한 왜소한 도시주택에 강력하게 반입된 다이닝・키친이나 콘크리트의 공단주택에 살기를 희망하는 당시의 세태와 맞아 떨어져서 보급되고 있었다. 그에 따라서 가구 메이커는 다이닝・테이블과 의자를 처음부터 갖춘 식당 세트를 양산하게 된다. 공간에 여유가 있는 주택에서는 치울 필요가 없는 다이닝・테이블을 항상 설치하고 그 공간 용도를 「식사 전용 방」이라고 주장하는 것이 일본 민가사(民家史)상 처음으로 출현한 것이다.

2. 현대의 식사풍경

1) 식탁의 종류

조사자들의 공동연구팀 6명 중 한 명의 가정에서는 지금까지도 두레 반을 사용하여 식사를 하고 있다고 하고, 또 한 명의 가정에서는 더운 계절에는 테이블에서, 동계에는 식당의 테이블을 걷어치우고 카펫 위에서 대형의 전기 코타츠(일본 특유 난방형 테이블)를 놓고 식사한다고 한다. 가까운 주위에서도 테이블 이외의 식탁이 뜻밖에 사용되고 있는 것이다(1991년 현재).

1990년에 발표된 통산성의 「생활공간 창조에 관한 조사위원회」가 전국 1,972인을 대상으로 행한 앙케트 조사 결과에 의하면 여기에서 두레 반이라고 하는 「챠(茶)브(ぶ)다이(台)(飯台)」를 보유하고 있는 가정이 56.3%, 「식탁(의자식)」을 보유하고 있다고 답한 가족이 83.1%이었다. 상용하고 있는가의 여부를 별도로 하면 26.8%의 가정에서는 두레 반과 테이블 두 가지를 다 갖추고 있다는 것이다.*4)

이 조사에서는 들어볼 수 없지만 코타츠를 식탁으로 사용하는 가정도 있다. 또 아침, 점심, 저녁 식사에 따라서 식탁 사용이 달라지는 예도 있다.

[사례 87] 아침, 점심은 부엌에 있는 테이블과 의자에서, 저녁은 천천히 다다미방에서 상(두레 반인 것)을 꺼내어서 먹는다. (靜岡縣駿東市)

[사례 145] 테이블이라는 것 일본사람이 하는 것이 아니지요…지금은 코타츠를 여름에도 꺼내어 그 위에서 음식을 먹거나, 여러 가지를 하고 있지요. (板木縣鹽谷町)

[사례 97] 쇼와 34, 35년경에 테이블을 사서 좀 사용하였으나(부엌에 놓았음) 아이들이 없고 할아버지와 할머니 두 사람 밖에 없으므로 거실에서 두레 반으로 되돌아 왔다고 한다. (高知縣幡多郡)

이와 같이 말한 것과 같이 의자식 식탁에 저항감을 나타내는 세대도 있지만 그것은 반드시 그런 것은 아니고 새로운 식탁양식에 대한 부적응과 치울 필요가 없다는 점이다. 좌식 식탁을 사용함으로써 얻어지는 정서적인 안정감도 배려해서 해석하는 것이 적당하다.

또 전쟁 전에는 코타츠에서 식사를 하는 것이 보통이었고, 코타츠가 식탁으로서의 기능도 갖고 있었다는 것이 주목된다. 그것은 갑판을 붙인 전기 코타츠가 보급된 관계가 있다. 특히 전기를 사용하는 구멍을 낸 코타츠 형식의 경우는 의자와 같은 안락한 자세로 식사 할 수가 있다. 겨울철만이 아니고 코타츠를 사계절 내내 거실에 두고 식탁과 책상을 겸하는 용도로 사용하는 가정도 상당히 존재한다.

한편, 새로운 경향으로서 카운터 형식의 식탁을 채용하는 가정도 보인다. 이렇게 보면 현대 일본의 식탁이 이미 테이블로 수렴되고 있는 것이 아닌가 하는 것이다. 일본 가정이 각상 또는 두레 반에서 식사를 한 시대에 비하면 현대 식탁은 다양화되고 있다고 할 수 있다.

2) 식당

앞에서 본 통산성의 앙케트에서는 부엌과 식당 배치를 다음의 4타입으로 분류해서 조사하였다.

① LDK타입(거실과 식당과 부엌의 경계가 없이 붙어 있는 타입)
② L+D+K타입(거실, 식당, 부엌이 각각 독립해 있는 타입)
③ L+DK타입(거실이 독립해 있고, 식당과 부엌이 붙어 있는 타입)
④ LD+K타입(거실과 식당이 연결해 있고, 부엌이 독립해 있는 타입)

가장 많은 것은 ③ L+DK타입으로 52.3%, 다음으로 ① LDK타입으로 20.0%, 그리고 ④ LD+K타입이 16.1%, 가장 적은 것이 ② L+D+K타입으로 11.6%라는 결과이었다.

연령별로 보면 ① LDK타입은 20대가 많고, 세대가 올라감에 따라 감소하며, 60대에서는 12.8%로 가장 적었다.

직업별로 보면 ② L+D+K타입의 비율이 가장 높은 것은 농림어업으로 25.3%, ① LDK타입의 비율이 가장 높은 것은 전문기술직으로 26.5%라고 하는 결과이었다.[*5)]

이 결과는 식당과 부엌이 붙어 있는 타입이 72.3%, 떨어져 있는 타입이 27.7%인 것을 읽을 수가 있다.

옛날에 농가의 식사 장이었던 「이로리의 방」은 거기에서 간단히 끓이는 조리가 되었으나 본격적인 취사의 장이었던 흙바닥부엌과는 분리되어 있었다. 도시 집의 경우 식사가 이루어지는 「거실」은 취사 기능을 하지 못하는 장소이었다. 그렇다면 현대에 일어나는 변화는 식사 장과 취사 장의 일체화라고 할 수 있을 것이다.

그것은 「가사의 성역화・합리화」에 의한 「주부노동의 경감」이 「가정의 민주화」와 관계가 있다고 하는 전후 민주주의의 이데올로기가 형성되는 현상이다. 또 작업공간인 부엌에 식사의 장이 합체됨으로써 옛날 식사는 가족이 함께 먹는 공식 행사이고, 가정 내 작은 예의로서 성격을 가지는 경향과 작업공간에서 떨어져 있는 의례적인 행사 장으로서의 분위기가 소멸되는 것을 나타낸다.

취사의 장과 식사의 장이 접근하는 궁극적 형태는 냄비요리에 있다. 현재 가정요리에서 냄비나 전기 플레이트를 사용하는 야키니쿠(고기구이) 요리 등, 식탁에서 요리하는 빈도가 현저하게 높다. 그것은 취사의 성역화만이 아니고 식사의 장을 「단란함」으로서 연출하려 하는 잠재의식과 관계가 있는 것으로도 해석될 수 있다.

또 통산성의 조사를 인용해 보면, 「가족 모두가 저녁을 즐겁게 식사하기 위하여 어떠한 노력을 하는가」라는 설문에 대한 답변 결과이다.

노력을 많이 한 내용의 순서를 보면 ① 요리의 내용, ② 식기, ③ 술, ④ 디저트, ⑤ 꽃 장식, ⑥ 텔레비전・비디오, ⑦ 테이블 크로스나 런쳔・맷트, 나프킨, ⑧ 음악, ⑨ 조명, ⑩ 포장한 작은 물건, ⑪ 촛불 등이다. 전체로 300% 집계되었고, 1위인 요리 내용 87.7%에 대하여 6위의 텔레비전・비디오는 17.2%라고 하는 결과를 보인다.*6)

이 답변 결과는 「즐겁게 식사 한다」를 위하여 「의식해서 텔레비전・비디오를 이용하고 있다」는 것을 보여 주며, 그러한 의식 없이 텔레비전을 보면서 식사하고 있는 가정의 수도 상당한 것에 이를 것이다.

주(注)

*1 「世論調査 <食のの簡便化> 徐徐に進行 理想はゆとりのクルメ」「毎日新聞」大阪版, 1990년

*2 農林省農業改良局生活改善課編 「農家の台所改善 — 設計の仕方と事例」農林省, 1952년

*3 日本住宅工團編 「日本住宅工團10年史」日本住宅工團, 1965년

*4 通商產業省生活產業局日用品課監修 「心豊かな食空間を求めて — 生活空間創造に關する調查委員會報告書」p. 43, 1990년

*5 通商產業省 문헌(*4), p. 20

*6 通商產業省 문헌(*4), p. 24

제7장 20세기의 식탁풍경

「제5장 두레 반의 시대」「제6장 현대의 식탁」에서 일본의 20세기 가정에서 식탁의 변천에 대하여 일단 개관해 보았다. 그것은 주로 문헌 자료를 근거로 하고, 일부는 조사결과도 함께 모아서 일반론으로서의 줄거리를 제시한 것이다.

평소의 일은 지나치게 일상적이어서 기록에 남아 있는 것이 적다. 후에 와서 뒤돌아 볼 때에는 단편적인 기록만이 얻어질 뿐이다. 일본 식탁의 역사에 대한 자료도 그와 같아서 단편적인 기록을 결코 따라갈 수밖에 없다.

20세기에 진행된 각상에서 두레 반을 거쳐 테이블로의 이행은 일본 식탁 역사에 있어서 최대 변화이다. 그 변화를 체험한 증인들이 현존하고 있다. 지금 구체적인 증언을 모아서 남아 있는 것으로부터 조사자들은「가정의 식사에 관한 라이프・히스토리 조사」를 행하였다.

두레 반 시대에 초점을 맞추고, 이 조사결과를 근거로 하여 20세기 가정에서 식사풍경의 변천을 다시 추적해 보려고 한다. 앞에서 설명한 사항과 중복되는 부분도 많지만 조사자들이 수집한 제1차 자료에 근거하여 개별적으로 구체적인 사례로부터 개괄적인 일반론이 아닌 사실이 부상되고 있다.

다음의 문장은 필자 혼자만의 견해라기보다는 공동 연구자인 井上

忠司의 「식탁생활사의 청취 조사」 「식탁생활사의 양적 분석」, 芳井敬郎의 「식탁생활사의 질적 분석(1)」, 熊倉功夫 「식탁생활사의 질적 분석(2)」, 井上忠司 · 熊倉功夫 공저 「식탁생활사 조사의 종합」의 여러 논문을 인용하여 본인이 종합해서 소개한 것이다.*1)

권두의 「머리말」에 쓴 바와 같이 공동연구 작업의 하나로 「식탁생활사의 청취 조사」를 행하였다. 원칙으로 70세 이상 여성을 주 대상으로 한 조사이다. 조사는 1983～1984(쇼와 58～59)년에 행하여졌으며, 당시 70세 이상인 사람들에게도 다이쇼 시대 초에 태어난 사람들도 있다.

그들의 생애에 있어서 각상, 두레 반, 다이닝 · 테이블 3종류의 다른 식탁에서 식사를 체험한 사람이 많다. 여성을 대상으로 선택한 것은 식사에 관한 사실이라면 여성의 기억 쪽이 상당히 상세할 것이라고 예상하였기 때문이다. 표 6에 피조사자의 내역을 써 둔다.

표 6 피조사자의 내역

생년		인수		
		남	녀	계
메이지	～1911	20	177	197
다이쇼	1912～1919	4	73	83
	1920～1925	1	5	
쇼와	1926～1930	0	3	4
	1931～	0	1	
합 계		25	259	284

표 7 체크 리스트

가정에서는 일상(이하 전부 동일) 어떠한 형식으로, 어떻게 식사가 이루어지는가?

1. 상(하코젠 등)의 시기
2. 두레 반(싯뽀쿠 다이, 한다이 등)의 시기
3. 현재(의자식 테이블 등)의 시기

이 세 가지 단계에서 각각의 시기 것에 대해 청취

1.2.3. **A) 식사의 형식과 가정환경에 대하여**

□□□ 어떠한 형식으로 식사가 이루어지는가?
(약도를 붙일 것)

□□□ 그것을 실제로는 무엇이라 하는가?

□□□ 언제부터 시작하고, 언제 끝났는가?
(또는 지금도 계속하고 있는가?)

□□□ 그 시기의 가족 구성은?
(피조사자에서 본다. 다만 고용인도 포함)

□□□ 그 시기의 주소는? (區, 町, 村의 수준까지)

□□□ 그 시기의 주거환경은?
(상업지, 공업지, 주택지, 단지 등)

□□□ 그 시기의 호주의 직업은? (구체적으로)

□□□ 식사의 형식이 변화하였다면 왜일까?

B) 식사하는 방에 대하여

□□□ 식사를 하는 방을 무엇이라고 부르는가?

□□□ 그 방은 식사 이외에도 무엇에 이용하는가?

□□□ 그 방의 정경은? (크기, 조도 등)

C) 어떤 방법으로 앉아서 먹는가?

□□□ 좌석의 순번은? (약도를 붙일 것)

□□□ 모두 함께 먹는가?

□□□ 먹는 장소는? (다다미, 판, 흙바닥부엌)

□□□ 방석의 유무(누가 사용하였나?)

D) 밥 외에는 무엇을 먹고, 무엇을 마시는가?

□□□ 아침

□□□ 점심

□□□ 저녁

□□□ 누가 특별히 다른 것을 먹고 있는 있는가?
(예를 들면 아버지, 장남 등)

1.2.3. **E) 식사 시 밥의 서비스에 대하여**

□□□ 누가 밥을 담는가?

□□□ 밥 푸는 순서는?

□□□ 신불에 받치는 것은?

□□□ 저녁 반주의 유무

F) 식사 후의 정돈에 대하여

□□□ 식사 후 곧 공기나 젓가락을 뜨거운 차로 헹구는가?

□□□ 언제, 누가 식기를 옮겼나? (운반하였는가?)

□□□ 언제, 누가 식기를 씻었는가?

□□□ 씻은 식기를 어디에 두었는가? 또 정리하였는가?

G) 식기의 공용에 대하여

□□□ 공용의 식기에는 어떤 것이 있는가?

□□□ 거기에는 무엇이 담겨 있는가?

□□□ 젓가락 상자는 언제쯤부터 있었고, 언제쯤부터 없어졌는가? (또는 지금도 사용되는가?)

H) 식사 중에 하지 않는 것에 대하여

□□□ 젓가락을 위로 하는가? 아래로 하는가?

□□□ 먹는 순서는?

□□□ 식사 중의 잡담은?

□□□ 식사 중의 자세는?

□□□ 식사 중에 해서는 안 되는 것은?

I) 식사 중의 인사에 대하여

□□□ 먹기 시작에

□□□ 먹고 난 후

J) 식사 중의 화제에 대하여

□□□ 누가 주로 이야기 하였는가?

□□□ 무엇에 대한 화제가 많았는가?

공동 연구자들의 근무처 또는 관계 대학인 筑波大學, 花園大學, 甲南大學, 奈良女子大學의 여러 학생들에게 의뢰해서 할머니 등 가까운 피조사자를 한 사람 선택하고 장시간 청취 조사를 하여 받았다. 關西大學이 많지만 關西 이외 지역 출신인 학생도 많고, 다른 지역에서 시집온 피조사자도 많으므로 거의 전국 각지를 커버하는 결과가 되었다.

표 7은 청취한 때의 체크 리스트이다. 이 체크 리스트의 항목에 따라서 질문을 하고, 답은 될 수 있는 대로 피조사자가 이야기 하는 것 그대로 기입해서 받았다.

예를 들면 처녀시대에는 집에서 각상에서 식사를 하였고, 결혼 후에는 두레 반을 사용하였으며, 현재는 테이블을 식탁으로 하고 있는 여성들에게 세 가지 시기 각각에 대해서 체크 리스트에 있는 질문을 반복해서 하였다.

청취 조사를 정리하기 위하여 피조사자가 각상을 사용하고 있던 시기를 대표적인 식탁의 이름을 붙여서 「하코젠(箱膳) 라이프」라고 표현하기로 하였다. 두레 반에서 식사를 하고 있던 시기를 「두레 반 라이프」, 의자・테이블의 식사를 「테이블・라이프」로 표현하였다.

기술적으로 질적 분석을 목적으로 한 데이터이고, 동일한 항목의 질문을 하고 있기 때문에 수량적인 처리도 가능하였으며, 조사결과를 재처리하여 이 세 가지의 라이프・스테이지를 비교한 그래프를 작성하였다. 아래에 기술한 것 중에서 소개하는 그래프는 상세하게 퍼센트를 보여주는 것이다. 이 경우 한 사람의 피조사자가 동일한 항목에 복수의 회답을 한 경우도 채용되었으므로 합계가 100%가 아니라는 것을 말해 둔다.

또 **[사례]**로 있는 것은 조사자들이 청취한 조사 원문에서 인용한 것이다. 숫자는 자료 처리 때문에 붙여진 데이터 번호이다. 조사자들의 보고서 자료편 「가정의 식사에 관한 라이프・히스토리 조사」에는 청취한 조사 원문에서 50편을 선택하여 전문을 수록하고 있다. 이하의 기술에 나타나는 **[사례]** 번호와 자료편의 번호는 일치하며, 가급적 자료편에서 인용하려고 하였으며, 부분적으로 인용하지 않고 전문을 알고 싶을 때에는 보고서를 참조하기를 바란다(인용에 해당하는 곳의 프라이버시를 배려하기 위하여 일부 도시, 마을 이름을 알파벳으로 썼다).

1. 식탁의 교대 시기

그림 21은 조사자들이 청취 조사한 결과에 근거하여 식탁형식이 변한 것을 보여주는 그래프이다. 횡축에 연대, 종축에 식탁형식의 변화 시기를 청취한 234예의 건수를 나타내고 있다.

조사자들이 조사하여 얻은 양적 처리가 가능한 사람들에게 기억되고 있는 가정의 식탁풍경 증언에서는 1920(다이쇼 9)년경부터로 이 시점에서는 「하코젠 라이프」의 가정이 많다가 1925(다이쇼 14)년을 지나면서 「두레 반 라이프」가 우세하여 한 때는 피조사자 대부분의 가정이 두레 반에서 식사를 하였다는 것이다. 다음의 변화는 1971(쇼와 46)년 이후에는 「테이블・라이프」가 우세하게 된다. 일반적으로는 두레 반의 보급이 메이지 말부터 다이쇼 초기에 걸쳐 있었던 것으로 나타나고, 테이블의 보급은 공단 주택의 영향으로 1955(쇼와 30)년경이라고 말한다. 조사자들의 청취 조사에서는 두레 반의 등장은 다이쇼부터 쇼와 초기에 걸친 시기에 많고, 테이블을 채용하는 가정이 현저하게 많아진 것은 1960년대 후반부터이었다.

조사자들의 조사 건수가 적으므로 단정하기는 어렵지만 종래의 이

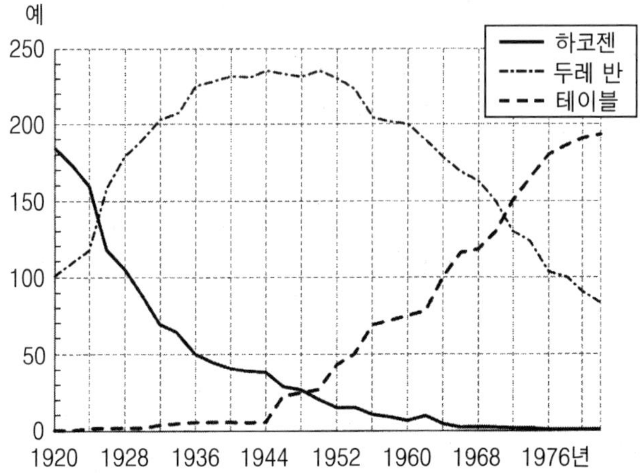

그림 21 식탁형식의 변화

론보다도 두레 반, 테이블의 보급 시기가 좀 늦은 것은 아닐까. 세상 풍속을 논하는 식자들 중 많은 사람들은 결정적으로 초기의 유행현상을 받아들인다고 하는 경향인데, 그것이 두레 반이나 테이블에도 반영되고 있는 것이다.

표 8은 각상이 두레 반을 대체하는 경계지점인 1925(다이쇼 14)년을 구획화하는 것으로 두레 반으로의 이행기와 주거 환경의 관계를 나타내는 것이다.

이 표에서 ① 두레 반이 보급되기 시작한 것은 결국 도시에서부터 이었던 것, ② 농촌으로의 보급은 후에 있었다는 것, ③ 두레 반의 보급을 담당한 것은 샐러리맨 가족이 중심이었다는 것을 읽을 수가 있었다. 다이쇼 시기에 전 농업지에도 두레 반이 상당히 널리 퍼지고 있었으나 청취조사 원표에서 확인해 보면 빠르게 두레 반을 채용한 농업지 가정의 많은 곳이 도시 근교에 위치하고 있는 것으로 알 수 있다.

표 8 두레 반으로의 이행기와 주거 환경과의 관계

주거환경 두레 반으로 된 시기	주택지	농업지	상업지	공업지	단지	해변	합계
1924년 이전	52 48.6%	28 45.2%	26 61.9%	2 50%	2 50%	0 0%	110
1925～1940년	55 51.4%	34 54.8%	16 38.1%	2 50%	2 50%	4 100%	113
합 계	107 100%	62 100%	42 100%	4 100%	4 100%	4 100%	223

도시 상업지에 있어서도 고용인의 가정에서는 각상의 식사가 오랫동안 계속하는 경향을 보인다. 「급식(할당된 급여)」으로 음식을 분배하는 데에는 개인 단위의 식탁인 각상이 중요하다는 것이다. 또 다음 사례와 같이 가족은 두레 반에서 먹고, 고용인은 각상을 사용하는 가정도 있다. 가족과 고용인이 동일한 식탁을 둘러앉는 데에는 심리적 저항감이 있다는 것을 보여주는 것이다.

[사례 14] 생가는 미술・골동상을 경영하기 때문에 종업원 세 사람, 여자하인 세 사람과 가족이 동거하고 있다. 가족은 「중간방」이라고 하는 방에서, 고용인은 「부엌」에서 식사를 한다. 가족은 장방형의 「두레 반」을 사용하고, 고용인은 「하코젠」을 사용하였다. (오사카시)

[사례 21] 양친은 안방의 장화발(長火鉢, 직사각형 화로)에서(여름에도), 아이들은 문지방 가까운 방에서 둥근 두레 반에 둘러앉아서 식사를 한다. 그 두레 반을 모두 「오젠」이라고 부른다.

(중략) 또, 고용인의 한 사람인 바아야는 부엌에서 가장 가까운 곳의 하코젠에서 식사를 하고 있었다. 앞에서 말한 오젠은 항상 식사를 하는 것만이 아니고 아이들의 공부 책상도 되었다. 나이가 많은 아이들은 두 층의 큰 테이블(의자가 붙은)에서 공부하고 있으나, 막내 여자아이는 오젠에서 하고 있었다. (고베시)

[사례 40] 싯뽀쿠 다이에서 먹는 것은 세 사람(증조부, 조부, 조모)이고, 목수는 한다이(飯台, 하코젠)에서 먹는다고 한다. 그러나 먹을 때는 함께 모여 먹으면서 이야기 한다. (오사카시)

[사례 21]에서는 장화발, 두레 반, 하코젠 세 종류의 식탁이 공존하고 있어 장화발을 식탁으로 사용하는 다른 예를 소개하고 있다.

[사례 67]의 兵庫縣尼崎市의 가정에서는 아이들이 태어나기 전 신혼시대에는 장화발을 사이에 두고 부부가 마주보고 식사를 한다고 하였다. 식기를 장화발의 언저리에 놓고 「화로에서 국물을 끓이거나 술을 데운다」고 기록되어 있다. 이 가정에서는 아이가 태어나면서부터는 두레 반을 이용하였다.

그 외 저녁 반주를 하는 노인이나 집주인이 장화발을 식탁으로 사용하는 예는 자주 보인다. 이로리 주변에 식기를 놓던 것이 장화발 언저리로 이행한 것이다.

고용인이 없는 가정에서도 각상과 두레 반의 병용이 이루어졌다. 다음 사례에서 어른은 하코젠, 아이는 두레 반이라고 하는 보고는 경제적 합리성과 함께 두레 반의 도입기에 나이 든 세대는 전통적인 식탁에 구애받고 있었다는 것을 보여 준다.

> [사례 46]과 같이 다른 가족은 두레 반에서 식사를 하여도 무가(武家) 출신의 시어머니는 하코젠에서 식사를 한다고 하는 和歌山市의 가정 예도 있으며, 노인은 각상을 고집하는데 그것은 공동으로 이용하는 식탁에 친숙하지 않기 때문이라는 이야기이다.

> [사례 114] 모두 두레 반에서 식사하는 것은 아니다. 차차로 아이가 자라게 되면 상(오젠하코)을 사러 가는 것이 큰일이지요. 성인만이 오젠하코에서 먹고, 어린아이는 두레 반에서 먹지요. 할아버지는 훨씬 큰 오젠을 사용하지요. (長野縣南佐久郡 S 村)

두레 반의 보급과정을 각상과 테이블의 관계에서 나타낸 것이 그림 22에 있다. 여기에서 보면 전쟁 후가 되어서도 각상에서 식사를 하는 가정이 남아 있고, 테이블과 두레 반의 관계가 역전하고 있는 중에 각상이 완전히 소멸하게 된다.

테이블·라이프의 가정이 과반수로 되었다고 한다면 조사시점에서는 약 25%의 가정이 두레 반이나 좌탁에서 식사를 계속하고 있는 것이다. 보통은 서양실에서 의자에 앉아서 식사를 하지만, 추운 계절이 되면 일본형 다다미 위에 전기 코타츠를 놓고 코타츠 갑판을 식탁으로 사용하는 상황이 있고, 좌식으로 앉아서 사용하는 두 종류의 식탁을 계절에 따라서 사용하는 가정도 있다.

두레 반은 다다미 위에서 사용하는 것을 전제로 한 식탁이다. 과거

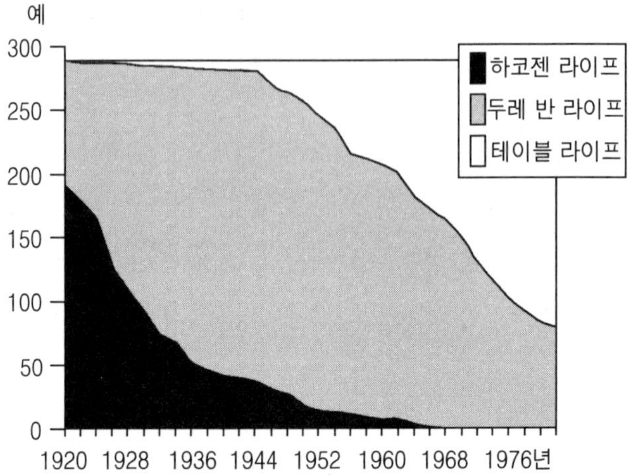

그림 22 식탁형식의 변화(2)

농촌에서 식사의 장이 된 이로리 방은 판대기를 깐 것이다. 에도시대 무사의 주거에는 「거실」이 있었으나, 다다미를 깐 「거실」이 민중의 주거에 널리 있었던 것은 메이지 시대 도시 주거에서부터이다. 주택 개량 운동과 함께 다이쇼 시대 이후 전국에 「거실」이라고 하는 명칭의 방이 보급되었다고 한다.

현실로는 두레 반 라이프에 있어서 실현된 현장이라고까지 말하기는 어렵지만 편안함과 가족 단란함의 공간이 된다고 하는 것이 「거실」이다.

두레 반의 보급은 「거실」의 보급에 보조를 맞춘 것이라고도 생각된다.[*2)]

외관은 서양풍 건축의 집합주택에 거주하는 사람들이 많아지고, 주거 내에도 서양실이 있고, 침실에는 침대를 놓고 아이들은 공부하는 책상의 의자에 앉아서 공부를 하고, 식사는 테이블에서 먹는 것이 일반화 된 것이 현대 일본인이 사는 형태이다. 그래서 일본인의 주생활이 「서양풍화(서구화)」되었다고 하는 것이다.

그러나 일본인 거주생활의 핵심을 보이는 부분은 외견상의 「서양풍화」와는 관계없이 건재하고 있다. 그것은 옥외생활에서 신발을 벗고 집안 생활을 해나가는 것이다. 서양실만의 주거에서도 신발을 벗지 않고 실내 생활을 영위하는 가정은 없다. 신발을 벗는 현관이 사회생활과 가정생활의 경계가 되고, 신발을 벗는 것이 가정에서 심신을 편안하게 하는 상징이 되는 것이다.

신발을 벗고 심신을 편안하게 하는 공간을 대표하는 것이 다다미방이다. 두레 반이나 좌탁은 다다미의 생활에서 빠져서는 안 되는 장치이다. 기능적인 다이닝・테이블이 우세하다고는 하지만 다다미에서의 생활이 존속하는 한 두레 반이나 좌탁은 남아서 이어져 갈 것이다.

2. 편리함과 위생

왜 각상에서의 식사가 중지되고 두레 반에서의 식사방식이 채용되었을까? 청취 조사 결과에 근거하여 두레 반의 보급 요인을 정리해 본다. 표 9는 피조사자들의 설명을 근거로 유효 답변자 145명에게서 얻은 두레 반 채용 이유 내역을 보여 주는 것이다(복수 답변 포함).

우선 「A. 사회적 배경 변화에 의한 설명」 부분에 대해서 검토해 보려고 한다.

편리한 「하코젠 라이프」에 있어서는 조부모나 가장에게 「올리는 상」 「내리는 상」이라고 하고, 주부나 고용인의 상차림 서비스도 행하여진다. 그러나 하코젠을 사용하는 경우는 상과 거기에 보관되는 그

표 9 두레 반 채용 이유

A. 사회적 배경의 변화에 의한 설명	99(58.2%)
(1) 편리함(합리화, 간소화 등)	37(21.7%)
(2) 시대의 흐름(유행 등)	31(18.2%)
(3) 위생적	13(7.6%)
(4) 물자의 보급(두레 반의 보급 등)	10(5.9%)
(5) 음식의 변화	3(1.8%)
(6) 민주적(가족의 단란 등)	2(1.2%)
(7) 기타(종전 등)	3(1.8%)
B. 개인적・가정적 이유에 의한 설명	71(41.8%)
(1) 결혼・아이의 탄생	35(20.6%)
(2) 집의 신개축・이사	26(15.3%)
(3) 가족구성의 변화	10(5.9%)
	계 170(100%)

릇 관리는 원칙적으로 사용자에게 맡겨진다. 식사가 끝나면 식기를 뜨거운 차로 헹구고 행주로 닦아서 하코젠 속에 격납하고, 자신의 상 선반에 되돌려 놓는다. 식기 씻는 것은 1개월에 2～3회 정해진 날에 주부나 고용인이 일괄해서 행한다.

다음에 설명하는 위생사상도 보급되고 있기 때문에 두레 반이 채용되면서 매회 식사가 끝나면 모든 사람의 식기를 일괄해서 씻게 되었다. 두레 반의 보급 시기가 가사 도우미가 없어지는 때이므로 식기 씻는 일이 더해져서 주부의 가사 노동이 더욱 과중하게 되었다. 매 식후 씻은 식기를 식기 선반에 보관하는 예가 많지만, 개수대에서 씻어 소쿠리 등에 엎어 놓은 대로 두는 가정도 있었다.

[사례 19] 일손이 부족하므로 결국 내가 식사 준비도 뒤처리도 전부 다 했단다. 모두가 먹고 난 후가 되면 곧 흙바닥부엌의 취사장 쪽으로 식기를 들고 내려가서 설거지하고.... 뜨거운 물로 헹구지는 안했단다. 모두가 나 혼자 해야 했기 때문에 어느 집에서든지 같은 것이다. 딸이 성장해서 잘 도와 주었지요. 아무튼 지금처럼 집이 좁지도 않았지요. 식기를 운반하는 것도 시간이 걸리고... 식기는 취사장과 부엌의 양쪽에 식기장이 있었으니까 거기에 나누어서 넣어 두었어요. (兵庫縣西脇市)

한 개의 식탁을 둘러싸고 앉아 있기 때문에 모든 가족이 식기를 일괄해서 씻으려고 하지 않으면 안 된다. 하코젠의 기능을 그대로 갖고 있는 두레 반도 있다.

[사례 121]의 長野縣上伊那郡 N촌에 있는 가정에서는 쇼와 22~23년경이 되면서 「食台」라고 하는 사각 궤에 서랍이 8개가 달린 식탁을 사용하고 있었다.

「그 서랍 속에 각자의 식기가 들어 있고, 서랍을 열고 식기를 꺼내어 식사를 하고 끝나면 다시 거기에 보관한다. 말하자면 台라고 하여도 상을 모아서 하나로 한 것이고, 식기는 서로 바뀌지 않게 하고 씻지 않는다. 단적으로 말해 가장이 앉고 계속해서 아이들이 나이 순서대로 앉는다」.

[사례 81]은 愛媛縣北宇和郡 Y町의 가정이다. 공부 책상과 같은 서랍이 붙은 식탁으로 「(식기를) 두레 반 아래에 붙은 서랍에 넣는다. 그 서랍은 한 사람 마다의 장소가 정해져 있어 식

사 시에 자기의 서랍이 있는 위치에 앉는다」.

이와 같이 「두레 반 라이프」 시기에도 하코젠과 다르지 않은 식사도 있으며, 그 때에는 하코젠과 다르지 않은 식사풍경이 계속된다.

두레 반을 사용하여도 공용의 식기에 담는 것은 쯔께모노 등에 한정되어 있고, 개별형 상차림인 것에는 변함이 없다. 그래도 각상차림하는 것 보다는 두레 반에서 일원적으로 상차림하는 것이 합리적이라고 생각되어지는 것이다. 식사의 관리를 모두 주부에게 맡기는 집중관리 방식이 성립한다. 각상의 식사에서는 쯔께모노 그릇이나 장유(醬油) 주유기를 상에서 상으로, 손으로 건네 준다거나 손을 뻗쳐서 가질 수 있는 것은 두레 반 쪽이 확실히 편리하다.

각상에서는 식사 때에 출입하기가 번거롭다. 두레 반의 대부분은 접어 제쳐놓는 식이므로 장소를 차지하지 않는 생활의 합리화, 간소화를 이유로 든다는 답변도 많다. 특히 도시 거주자의 경우는 상 선반을 둔 흙바닥부엌이나 큰 부엌을 가지고 있지 않은 주거형태로 이사할 때에 보관에 편리한 두레 반이 보급되었다는 것이다.

위생적 메이지 이후 위생사상의 계몽이 정부에 의해 생겨나고, 학교 교육을 통해서 다이쇼 시대에 보급되었다. 헹구는 것뿐으로 계속 씻는 것이 아니므로 하코젠에서의 식기관리는 비위생적이고 불결하다고 하는 이유로 두레 반을 채용한다고 하는 가정도 상당히 많다.

[사례 30]의 兵庫縣洲本市 가정에서는 「어린아이는 먹는 방법이 깨끗하지 못하므로 씻는 쪽이 좋다고 생각되나, 더러운 그대로 상자에 넣고 있다」는 것이 두레 반과 다르다고 한다. 문장의 뜻에 대한 이해가 어려운 기술이지만, 아마 아이가 식기를 더

럽히기 쉬운 것과 그 후 뜨거운 차로 씻는 것을 충분히 하지 않았기 때문에 일괄해서 씻는 두레 반 방식으로 변하게 된 것일 것이다.

앞에서 서랍식의 「食台」를 소개한 **[사례 121]**의 가정에서는 그 후 원형의 두레 반을 사용하게 되었으며 「위생관념이 이유이다」고 설명하고 있다.

[사례 85]의 岐阜縣郡上郡 Y촌의 가정에서는 「하코젠 라이프」 시대에는 「먹기가 끝나면 <우수기(묽은)차>라고 하는 차를 식기에 붓고 젓가락으로 부셔서 마시고, 상자 속에 정돈하여 놓는다. 식기는 함부로 씻지 않고 백중, 정월, 절구에 씻어 둔다. 이 가정에서도 쇼와 35년경에 「가사를 며느리에게 맡기다」로 하고, 「아주 비위생적이다. 그렇게 느낀 며느리는 친정에서 하는 것처럼 식사 후에 식기를 개수대에서 씻어 햇볕에 말리도록 하였다」라고 한다. 주부권의 세대 교체가 식기 씻는 방법을 변화시키는 예이다.

식기를 일괄해서 씻게 된 배경에는 상수도의 보급, 집 밖에 개수대가 없고 집 안에 개수대가 설치되는 등 부엌에 설거지하는 설비의 변화가 있는 것에 유의할 필요가 있다.

음식의 변화 세 가지 예가 있을 뿐이나 식사 내용의 구체적인 변화와 관계가 있는 두레 반의 채용 이유를 설명한 답변이 있다.

반찬이 다양해졌으므로 하코젠에 넣어서 정리할 수 없게 되었다. 기름을 사용한 요리가 더해지고, 그 때에 식기를 씻을 필요가 생겼다고 말하는 것이다.

일부 선진적인 가정에서는 쇼와 초기에 식생활의 양・질이 함께 변한 것이 두레 반 채용 요인이 된 것이다. 그러나 일반적으로는「두레 반 라이프」의 식사내용은「하코젠 라이프」시대와 동일하고, 일본인의 음식에 큰 변화가 두드러지게 나타나는 것은 1960년경부터의 것이다.

시대의 흐름 주변 가정이 두레 반에서 식사를 하게 되면서부터 유행하여 두레 반을 채용하였다고 말한 답변도 많다. 그것은 주체성이 없는 요인이기도 하지만 본래에도 있었을 것이다. 특별한 이유를 붙이지 않고 주변에서 만나면서 변화하는 것이 생활자라고 하는 것이다.

민주적「가족의 단란함을 몸 주변에서 느끼기 위하여」다이쇼 7~8년에 두레 반을 사용하기 시작하였다고 말하는 香川縣의 소금 제조업자 가정의 예를 마지막으로 들고 있다. 앞에서 설명한 두레 반 형식의 식탁에 민주적인 단란함의 이데올로기를 기대한 이상주의자들의 주장이 현실적으로는 두레 반 채용 이유로 작용하지 않았다는 것이다.

테이블의 등장 덧붙여서 테이블 채용 이유에 대해서도 같은 모양으로 청취 조사한 결과로부터 테이블을 식탁으로 사용한 이유를 조사자들에게 명확하게 설명된 예는 비교적 적다.

[사례 59] 정좌하는 것을 아이들이 싫어하게 되었다. 테이블 쪽이 요리를 운반할 때 높이가 조금 좋았다(靜岡縣靜岡市, 쇼와 50년에 테이블을 사용함). 정좌하면 여자아이의 발 형태가 구부

러져 나쁘므로 앉는 의자 쪽이 좋다(兵庫縣尼崎市, 쇼와 30년에 테이블을 사용함).

[사례 69] 아이들의 몸은 의자를 사용한 쪽이 키가 크고 걷는 자세가 아름다워진다고 들었기 때문이다(奈良縣生駒市, 쇼와 38년에 테이블을 사용함).

[사례 125] 내 발이 아프게 된 것이 개축한 이유이다(島根縣簸川郡, 쇼와 48년에 테이블을 사용함).

정좌(正座)에 비하면 의자에 앉는 방법이 안락하고 아이들의 발육에도 좋다고 하는 것을 들고 있으나, 그것은 이전의 정좌가 고통을 주는 좌법이었다는 것을 이야기하는 것이다. 또 입식부엌과 테이블의 작업 평면이 동일하므로 일하기가 쉽다고 하여 테이블이 합리적인 식탁이라는 것을 설명하고 있으나, 그것은 또 식탁의 변화에 앞서 입식부엌으로의 변화가 선행하고 있다는 이야기를 증언하고 있다.

명확한 이유를 설명하지 못한 답변으로 「유행하기 때문에」 테이블을 사용하고 싶었다고 하는 의미인 것이 있다.

일일이 셀 수 없을 정도로 많았던 답변은 신축・개축・증축・이사 등의 사옥의 변화를 기회로 테이블을 사용하고 싶어하는 취지의 것이다. 테이블이라는 상시 설치할 수 있는 대형 가구를 준비해 두기에는 주거 공간의 개조가 필요하여 우선 테이블을 놓을 방을 만드는 것에서부터 시작되지 않으면 안 되는 것이다. 또 고가인 식당 세트를 구입하는 것은 가옥을 바꾼다는 가정에서 대사건이 있는 때에 결단되어 행해지는 것이다.

3. 가정이 바뀔 때

두레 반 채용 이유에서 「B. 개인적・가정적 이유에 의한 설명」에 대하여 검토해 본다.

결혼・자녀의 탄생 결혼하는 때에 두레 반을 사용하고 싶다고 하는 답변이 많다. 결혼에 의해 세대교체가 이루어지고, 시어머니 시대의 각상차림에서 바뀌어 며느리가 두레 반을 사용하기 시작한다고 하는 사례, 시댁에서는 각상차림을 하나 시집오기 전에는 두레 반을 사용하고 있었다고 하는 사례, 역으로 시댁에서는 두레 반이었으나 시집오기 전에는 각상차림이었다고 하는 사례가 있다.

아이가 태어나 위험하다고 생각하여 이로리를 없애는 기회에 두레 반으로 바꾼다고 하는 설명과 같이 자녀의 탄생이 계기가 되었다는 답변 등 두 가지 예가 있다.

또 아이들이 성장함에 따라서 두레 반을 바꾸는 일도 행해진다.

> [사례 149]의 青森縣津輕郡 O촌의 예에서 「장남이 탄생한 때에 弘前에서 직경 2자5촌 정도의 두레 반(원형)을 사고, 쇼와 3년에 태어난 아들이 3세가 된 때쯤(쇼와 5~6년) 자식이 컸다고 하여(중략) 한번 큰 두레 반을 목공에게 만들게 하여 받았다」라고 한다.

이렇게 보면 두레 반을 채용하는 데에는 가족 형태가 밀접한 관계가 있으며, 결혼, 출생, 사망이라는 가족형태가 변화하는 틈에 새로운 식탁이 도입되는 것으로 알고 있다.

가족구성의 변화 가족 수의 변화에 따라 두레 반을 채용한다고 설명한 답변 10가지 예가 있다. 소가족화, 핵가족화로 두레 반에 둘러앉아서 식사 할 수 있는 사람 수가 되었다는 것이다.

[**사례 54**]의 오사카시 港區의 가정에서는 제3차 대전이 시작해서 고용인은 없어지고 가족만의 세대로 되었기 때문에 두레 반을 사용하게 되었다고 한다.

집의 신개축・이사 가족이 변할 때와 더불어 가옥이 변할 때가 두레 반 채용의 계기가 되고 있다. 옛날 일본의 주생활에서 두레 반은 찬장과 더불어 가구 중에서 가장 큰 것이었다. 각상은 소형이고 가족 전원의 상을 차리기에는 두레 반만큼의 수납공간이 필요하다. 식탁은 그것을 사용하는 주거 공간과 밀접한 관계를 가진다.

「하코젠 라이프」는 흙방의 개수대, 상을 두는 선반, 이로리 방 등 에도시대의 연장선상에 있는 주거 공간구성과 밀접하고, 두레 반은 「거실」을 중심으로 하는 도시의 소시민적 주거 공간에 맞는 식탁이다.

신축・개축 시 상의 선반이 없는 가옥에 산다든지, 이사하여 수도가 있는 가옥에 살게 되어 이사를 계기로 가구를 사서 바꾸게 되었다고 하며, 주거를 바꾸는 기회에 두레 반에서 식사를 하게 된다는 것이다. 또 이사 전 지방에서 두레 반이 일반적인 것이어서 그것을 가지고 간다고도 한다.

이렇게 보면 결혼, 분가, 탄생, 아이들의 성장, 사망, 고용인이 없어진 것 등 가족이나 세대 형태가 변화한 항목과 신축・개축・이사라는 주거형태의 변화 항목에서 식탁이 변한 것을 알 수 있다. 그것은 후에 오는 「테이블 라이프」로 변화하는 것에서도 동일하다. 가정이 크게 바뀔 때는 식탁이 바뀔 수 있다는 것이다. 그것은 식사양식이 가정생활에서 중요한 의의가 있다는 것을 보여주는 것이다.

4. 식탁의 정경

여기에서는 식탁에서 앉는 순서, 식탁 앞에 앉은 때의 자세, 식사 중에 지켜야만 하는 사항, 식사 중의 대화 등에 대해서 구체적으로 검토한다. 그것은 가정에서 식사작법과 「예의범절」, 커뮤니케이션의 장으로서 식탁의 변천을 말하는 자료에 있다. 그것으로부터 과거 1세기 동안 일본 가족상의 변화를 읽을 수가 있을 것이다.

1) 앉는 순서

1941～1942(쇼와 16～17)년에 일본민속학회 전신에 해당하는 「민속전승의 회」가 전국 58개소를 대상으로 「食習採集手帖」의 조사항목에 따라서 「식습조사」를 행하였다.[*3] 「食習採集手帖」의 질문항목 40에서는 식사 때 앉는 순서에 대해서 질문하고 있다.

이 조사는 농촌을 대상으로 하고, 도시나 도시 근린 농촌을 제외하였기 때문에 답변한 예는 하코젠을 주로 한 각상의 식사에 대한 순서가 대부분이다. 답변 중에 조사지역 일부 가정에서는 두레 반을 사용하는 경우 등의 기술이 몇 가지가 보이며, 이 시기가 도시에서 멀리 떨어진 농촌에서 두레 반으로 이행하는 최초 시기에 해당하는 것을 알 수 있다.

이 조사결과에서는 다양한 타입의 앉는 순서가 나타나고 핵가족, 3세대 가족, 고용인이 있는 집 등, 세대의 성원 구성이 다름에 따라서 앉는 순서의 유형에 차이가 있는 것을 알 수 있다. 가장 많은 것은 부엌에서 가장 먼 안쪽이 상좌이며, 그곳에 가장이 앉고, 부엌 가까운 끝자리는 밥을 준비하는 주부가 차지하고, 그 사이에 다른 가족이 성별, 연령순으로 배치되어 앉는 방법이다.

조사자들이 한 조사에서는 청취하는 때에 옛날의 좌순을 순서대로 도시하도록 조사자에게 요청하였다. 그 결과에서도 각상에서 식사할 때에 이러한 타입의 좌순이 많다는 것이 확인되었다.

주부가 가장 아랫자리를 차지하는 이유라고 하나, 식사 장에서 주부의 권한이 넓혀지는 것은 아니다. 주부는「주걱 넘기기」가 끝나고 음식 분배권을 쥐고 있는 존재이며, 주부 옆에는 밥솥이나 국 냄비가 놓여 있고, 가장과 더불어 식사의 진행을 지배하는 인물이다.

「식습조사」에서 두레 반의 좌순에 대하여 보고된 바는 거의 없다. 조사자들의 조사에서 두레 반의 좌순을 도해한 것을 보면 상좌에 가장이, 그의 반대 측에 주부가 앉는 타입과, 가장의 오른쪽 가까이 또는 왼쪽 가까이에 주부가 자리를 잡는 타입이 많다. 이 가장의 옆에 주부가 앉는 타입의 좌순이 각상차림 식사 때에 일반적인 지방도 있다. 그것은 가장이 음식을 먹기 쉽게 돕기 때문이다. 그렇게 보면 두레 반의 식사에도 각상의 식사 장을 지배한「집의 질서」원리가 이어지고 있다고 해도 좋다.

그래서 고용인이 있는 세대에서는 가족과 고용인은 다른 식사 내용이고, 가족은 두레 반, 고용인은 각상이라는 식탁에서 별도로 식사를 한다. 고용인에게 주는 급여로서 식사를 지급하는 데는 한 사람분의 단위제가 명확한 각상의 경우가 좋다고 하는 것이다.

현재 의자와 테이블 식사에서는 부엌에 가까운 상차림에 편리한 곳에 주부가 자리를 차지한다고 하는 공통점을 보이고, 앉는 순서의 법칙성은 소멸해 버렸다. 각 가정의 사정으로 누가 어디에 앉는가가 자연히 결정되는 것이다. 이 때 텔레비전의 위치관계가 앉는 장소의 중요한 결정 수단이 된다.

조사자들의 조사 결과 중에는 현재 식탁에서 가족이 앉는 위치를 도해한 것이 몇 개 포함되어 있다.

그것을 보면 테이블이나 좌탁이 장방형인 식탁의 경우 짧은 변의 한쪽을 가장에 해당하는 인물 한 사람이 차지하고, 긴 변 양측에 아이들, 주부는 취사장에 가까운 짧은 변을 차지하거나 긴 변 취사장 쪽으로 앉는다고 하는 좌순이 하나의 유형으로 존재하는 것이 지적되고 있다. 또 텔레비전이 있는 방향을 공석으로 하여 앉는 방법도 있다. 그러나 현대 대부분의 가정에 공통하는 좌순의 원칙은 존재하지 않는다고 해도 좋다. 각 가정의 사정에 따라서 자연발생적으로 식탁의 좌순이 성립하기 때문이다.

[사례 153] 좌석은 할머니가 방에서 가까운 곳에 있지요. 나중에 텔레비전을 보는 위치가 아닌 곳으로 자연히 결정된다. 나는 개수대 가까운 곳이 편리하지요. (고베시)

[사례 98] 자리 순번은 완전히 결정된 것이 아니고, 그 때마다 제각각이다. 조사자가 왔을 때는(조사자가 청취하러 갔을 때) 제일 텔레비전에 가까운 쪽이라고 하거나 개수대에서 먼 쪽에 앉았다고 하는 것으로, 개수대에 가까운 곳에 주부가 앉는다고 하는 습관이 남아 있다. 그러나 친지가 많이 모여서 가까운 방에 궤를 나란히 놓고 먹는 때 등은 텔레비전에서 가장 먼 쪽에 아이들이 모이는 것 같은 경향도 있는 것 같다. (長野縣諏訪市)

옛날「집 제도」질서를 상징하는 좌순은 없어지고 주부의 작업 능

률과 텔레비전을 보기 좋은 곳에 따라서 식탁에 앉는 위치가 결정되는 것이다. 다음의 두 가지는 현재도 두레 반을 사용하고 있는 가정의 사례이다.

[사례 92] (쇼와 52년에 山形縣의 新壓市에서 茨城縣의 取手市로 이사하였다) 이 때부터 의자식 테이블의 시기로 들어가지만 의자식 테이블은 얼마 가지 않아 사용되지 않고 결국 원래 한다이로 돌아왔다. 그 이유는 의자식 테이블은 부엌에 놓여 있어서 식사 중에 텔레비전을 볼 수 없기 때문이다.

한다이는 거실에 놓여 있기 때문에 텔레비전을 보면서 식사 할 수가 있다. (茨城縣取手市)

[사례 19] (두레 반) 좌석의 순서는 정해진다고 하지만 그것은 이전과 같이 남편이 동향이라고 하는 것이 아니고 모두 텔레비전이 중심으로 된다고 한다. 그렇게 말하고 보면 조사자의 가족도 그렇다. 사각 테이블에서 네 사람 가족에서 텔레비전에 등을 향하는 위치에는 누구도 앉지 않는다. (埼玉縣大宮市)

2) 식전・식후의 인사 말

두레 반 시대로 되면서 진행하였다고 생각되는 것에 "잘 먹겠습니다" "감사히 먹겠습니다"라고 식전・식후에 인사하는 습관이 있다. 앞의 「식습조사」에서 몇 가지 인용해 보려고 한다.*4)

「아무 말도 하지 않는다. 다른 집에 갔을 때 "잘 먹겠습니다"라고 말하고 먹는다. 끝난 때는 "잘 먹었습니다"」 (岩手縣和賀郡立花村)

「근년, 아이들이 부모를 향해서 "잘 먹겠습니다" "잘 먹었습니다"

라고 감사의 말을 한다」(岩手縣下閉伊郡船越村)

「요즈음 아이들이 학교에서 공부하고 올 때 "젓가락은..."라고 하는 것이 있을 정도이다」(愛知縣丹羽郡岩倉町)

「아무 말 하지 않는다. 다만 밥공기를 들고 먹는다」(愛知縣豊橋市牟呂町)

「식전에 한번 절하고 먹는 사람과 "잘 먹겠습니다"라고 말하는 사람도 있다. 이것을 더하여 전체의 약 반수 정도이다. 나머지 반은 인사를 하지 않는 사람이다. 식후에 한번 절하는 사람과 "잘 먹었습니다"라고 말하는 사람은 식전의 경우와 같다」(岡山縣川上郡日里村)

조사자들이 행한 청취 조사의 보고를 분석한 熊倉功夫에 의하면 각상에서 식사한 경우에는 식전・식후의 인사가 없었다는 예가 상당히 많다.*5)

[사례 215]의 쿠마모토현의 예에서는 먹기 시작할 때, 먹기 끝날 때도 별도로 아무 말도 하지 않는다. "아무 말도 하지 않고 모두 먹기 시작하지요. 하지만 항상 아버지가 먼저 먹자"라고 하면서 가장이 먹기 시작하면 그 때에 일제히 먹기 시작한다고 한다.

3) 식사 중의 자세

각상차림 식사에서는 정좌하는 것이 원칙이다. 책상다리를 하고 먹는 것이 허용되는 것은 가장 등의 성인 남성에 한한다. 두레 반을 사용하면서도 정좌를 하고 먹는 풍습이 이어지고, 식사 규범으로서 아이들에게 정좌하는 습관을 붙이게 한다.

갑판의 크기가 1m 정도인 두레 반을 네 사람에서 여섯 사람의 가족이 둘러앉으면 물리적으로도 정좌를 할 수가 없다. 한 사람 분으로

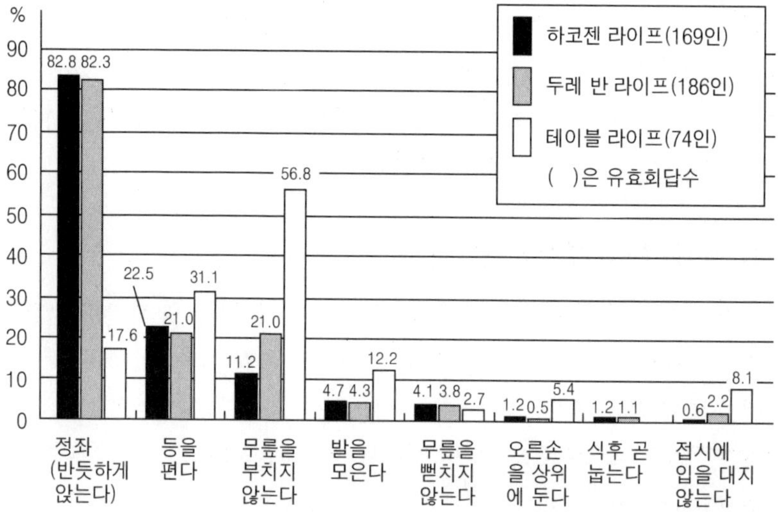

그림 23 자세에 관한 매너

상을 차려놓는 것에 비하면 두레 반에서는 개체간 거리가 가까워 몸이 서로 닿을 정도로 가까이 대지 않으면 안 된다.

그림 23에서 「하코젠 라이프」「두레 반 라이프」에서 정좌가 강조되고 있는 것은 당연하지만, 현대의 「테이블 라이프」에서도 소수이나 정좌(반듯하게 앉음)가 보인다. 그것은 두레 반이나 좌탁을 사용하는 가정에서 정좌를 보이는 경우와 이상한 자세로 의자에 앉는 것을 훈계하는 두 가지 길이 있다는 것에 주의해야 한다.

의자에 앉아서 식탁에 마주하게 되면 등을 편 자세로 먹는 것이 바람직하다고 하는 경우가 많다. 식탁에서 「팔꿈치를 사용하지 않는다」라는 것이 「하코젠 라이프」「두레 반 라이프」「테이블・라이프」의 순으로 강조되고 있다. 이 순서로 식탁의 다리가 높아지고 팔꿈치를 붙이기 쉬워지기 때문인 점도 있다.

「등을 펴고」, 식탁에서 「팔꿈치를 쓰지 않고」 「다리를 가지런히 하고」 의자에 앉아서, 「왼손을 식탁보다 위에 놓고」 「접시에 입을 가까이 대지 않고」 먹는 것 등이 「테이블·라이프」 시대의 식사 매너로 등장하고, 그 시대에 정착하게 된다.

4) 식사 중에 해서는 안 되는 것

식사작법(食事作法)에 관련한 사항 중에서 식사 중에 하지 않아야 하는 금지사항(터부)을 그래프화 한 것이 그림 24이다. 井上忠司의 분석을 인용해서 이 그래프를 살펴본다.*6)

각상, 두레 반, 테이블 식탁 형식별로 금지사항의 1∼3위를 나타내 보면 다음과 같다.

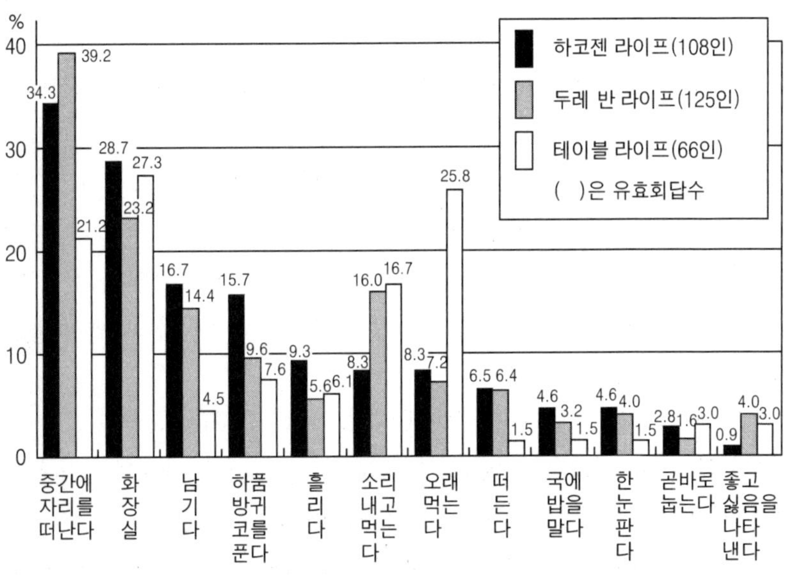

그림 24 식사 중의 금지사항(터부)

「하코젠 라이프」 — 중간에 자리를 떠남(34.3%), 화장실(28.7%), 음식 남기기(16.7%)

「두레 반 라이프」 — 중간에 자리를 떠남(39.2%), 화장실(23.2%), 소리 내고 먹는 것(16.0%)

「테이블 · 라이프」 — 화장실(27.3%), 오래 먹기(25.8%), 중간에 자리를 떠남(21.2%)

이 결과에서 다음 세 가지 요점을 읽을 수가 있다.

첫째로, 「하코젠 라이프」 시대와 「두레 반 라이프」 시대에는 상당히 큰 차이가 없다는 점이 지적되고 있다. 두 가지 모두 「중간에 자리를 떠나면 안 되고」, 특히 「화장실에 가는 것」이 강하게 꾸중 듣는 것이지만, 이 두 가지 금지 항목을 합해서 62~63%로 거의 같은 비율인 것을 알 수 있다. 또 「음식을 남기지 않을 것」도 이와 유사하다.

둘째로, 「두레 반 라이프」 시대의 금지사항(터부)은 「하코젠 라이프」 시대와 비교해 볼 때 어느 항목에서도 금지되는 사항이 조금도 다르지 않다.

다만 「소리를 내고 먹으면 안 된다」와 「좋고 싫음을 나타내면 안 된다」의 두 항목은 「두레 반」 시대에 와서 강화된다. 「소리를 내고 먹으면 안 된다」라고 하는 터부는 구미풍의 매너가 일반 가정에도 영향을 미치기 시작한 것을 말하는 것이다.

「좋고 싫음을 나타내면 안 된다」라는 터부는 대개 식량사정이 호전되는 것을 나타내는 바로메타이기도 한 것이다. 「테이블 · 라이프」 시대가 되어 「음식을 남기지 않아야 한다」라는 항목이 격감하여 음식이 아주 풍부하게 된 세상을 말하고 있다.

셋째로, 「테이블 · 라이프」의 터부는 앞에서 금지된 경우가 약해지나 「아무것도 하지 않고 먹는 것은 나쁘다」라는 항목만은 반대로 다른 항목을 떠나서 높아지고 있다. 텔레비전을 보고 신문을 보면서 식사하는 사람이 많아지게 되어 그것을 금하는 가정이 눈에 띄게 된 것이다.

5) 식사 중의 대화

식사 중에 「정좌」하는 것과 더불어 많은 가정에서 예의범절로 숙지시키는 것으로 식사 중의 「대화(잡담)」 작법이다. 옛날에는 식사 중의 대화, 특히 아이들이 식탁에서 잡담하는 것을 금지하는 가정도 많았다. 식사 중의 대화 태도를 그래프화한 그림 25를 앞에서와 같이 상위 3가지 항목을 보면서 검토해 본다.

「하코젠 라이프」 — 대화는 엄금(83.3%), 이야기해도 좋다(24.1%), 조용한 것이 좋다(19.4%)

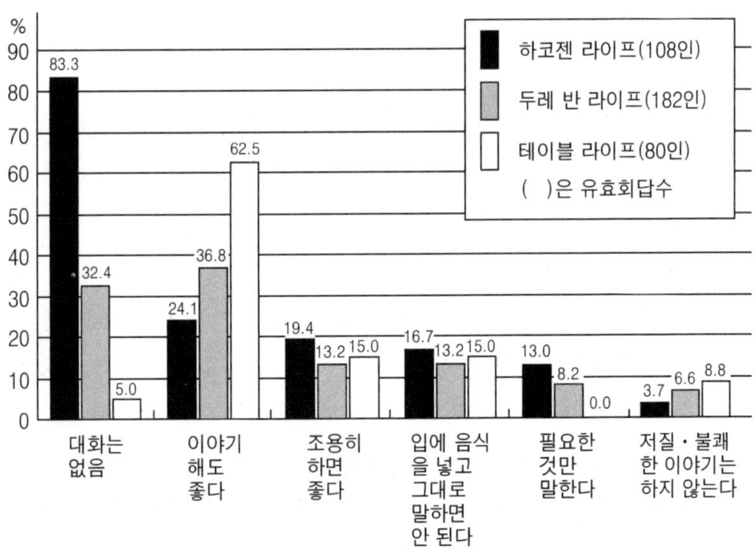

그림 25 식사 중의 대화 태도

「두레 반 라이프」 — 이야기해도 좋다(36.8%), 대화는 엄금 (13.2%), 입에 음식을 넣고 그대로 말하면 안 된다(13.2%)

「테이블・라이프」 — 이야기해도 좋다(62.5%), 조용한 것이 좋다 (15.0%), 입에 음식을 넣은 그대로 말하면 안 된다(15.0%)

「하코젠 라이프」 시대에는 식사 중에 「잡담을 하면 안 된다」라고 하는 항목이 돌출되고 있다. 예로 「이야기해도 좋다」는 경우에도 「조용한 것이 좋다」라는 것이 있고, 더욱이 「필요한 것만 말한다」 (13.0%) 등 식사 중의 대화에 대한 규제가 강하였다. 과묵한 식사 풍경이다. 식사 전에 불전이나 신책(神棚)에 물이나 밥을 제공하고 먹는 것과 서로 맞물려서 신불이나 조상의 보살핌을 받으면서 행하는, 일상생활에서 사소한 의례라고도 할 수 있는 분위기를 가진 식사 풍경이라는 것이다.

「두레 반 라이프」 시대로 되면서 식사 중에 잡담의 규제가 상당히 완화되었다. 그러나 「이야기해도 좋다」고 하는 항목과 「대화는 엄금」이라는 항목이 거의 동률인 것에 주목해야 한다. 단란함의 정경에서는 아직 멀고, 특히 전쟁 전의 가정에서는 의연하게 과묵하였다고 한다.

「테이블・라이프」 시대가 되어서 식사 중의 잡담이 해금되었다. 「대화는 엄금」인 가정은 극히 적은 수이고, 「이야기해도 좋다」가 2/3를 차지하고 있었다. 큰 소리로 잡담을 하고, 입에 음식을 넣은 그대로 잡담하고, 저질의 불쾌한 말을 하지 않으면 크게 잡담해도 좋은 것으로 되어 있다.

식사 중의 대화를 「필요한 것만」으로 한하는 가정이 거의 없다는 것은 대단히 상징적이다. 식사할 때는 가족이 모여서 단란하게 하는 것이라는 인식이 일반화 한 것을 보여주는 것이다.

6) 식사 중의 화제

식사 중에 주고받는 대화의 화제를 분류해서 그래프화 한 것이 그림 26에 있다.

「하코젠 라이프」 — 업무 일(42.5%), 세상 이야기(31.9%), 하루에 있었던 일(31.0%)

「두레 반 라이프」 — 하루에 있었던 일(41.0%), 세상 이야기(36.5%), 학교 일(30.9%)

「테이블・라이프」 — 하루에 있었던 일(37.6%), 세상 이야기(36.2%), 학교 일(34.2%)

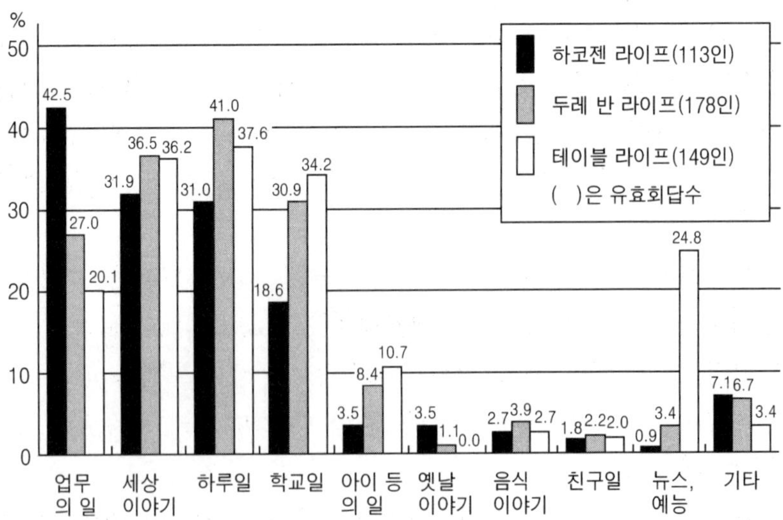

그림 26 식사 중의 화제

「세상 이야기」나 「하루에 있었던 일」이 식탁의 화제로 되는 것은 당연하다. 주목되는 것은 「하코젠 라이프」에서는 「업무 일」이 화제의 제1위가 되고 있다는 것이다. 각상에서 식사하는 풍습이 오래 계속된 곳은 상가나 농가이다. 가정 그 자체가 경영체로서 가족을 포함한 노동형태로 업무에 관계되는 사항이 식사의 장에서 이야기 되고 있는 것을 보여주는 것이다.

「두레 반 라이프」 시대가 되면 「업무의 일」을 둘러싼 화제가 약 6할 격감한다(42.5%→27.0%). 이에 대비해서 「학교의 일」에 관한 화제는 격증한다(18.6%→30.9%). 더불어 「아이의 일」을 둘러싼 화제가 증가한다(3.5%→8.4%). 가업을 중심으로 한 가족으로부터 가족 중심의 가정으로 변화되는 것을 보여주는 것이다. 아이들이나 학교에 대한 이야기 내용에는 부모로부터 아이에게 교훈적인 것이 종종 있다. 식사하는 장에서 아이들에게 설교한다고 하는 것이다.

「테이블・라이프」 시대에서 주목되는 것은 「뉴스・예능」을 둘러싼 화제가 돌출하고 있다. 앞에서 설명한 것처럼 텔레비전을 보면서 식사하는 가정이 많아지는 것에 따르는 것이다.

조사자들의 조사결과 중에는 「텔레비전을 보면서 먹지 않는다」(**[사례 112]** 静岡縣静岡市)라고 하는 가정도 있으나 그것은 얼마 안 되는 소수파이다.

텔레비전은 다이닝・테이블의 보급 시기와 보조를 맞추어서 가정에 들어간 것이다. 텔레비전을 보면서 식사를 하여 가족 간의 화제를 제공하고 어찌되었든 간에 단란함의 분위기가 만들어지는 것이다. 텔레비전 때문에 가정의 식탁이 미니 레스토랑・씨어터로 되고 가족의 대화가 성립하는 가정도 많다.

[사례 106] 텔레비전을 없앴기 때문에 잡담이 상당히 늘었다고

한다. 아이가 학교의 일 등에 대하여 이야기하게 되었기 때문이라고 한다. (靜岡縣蒲原郡)

7) 식사 중의 화제 제공자

식사 장에서 무엇이 화제가 되는가와 더불어 중요한 것은 가족 중 누가 식탁에서의 대화를 주도하는가 하는 것이다. 화제의 제공자를 가족의 속성으로 하여 그래프로 나타낸 것이 그림 27이다.

「하코젠 라이프」 ― 아버지(64.6%), 어머니(22.0%), 아이(19.5%)
「두레 반 라이프」 ― 아버지(40.9%), 아이(32.2%), 어머니(22.6%)
「테이블・라이프」 ― 어머니(47.6%), 아이(47.6%), 할머니(14.6%)

그래프에서 분명하게 「하코젠 라이프」 시대에는 식사 중의 화제를 끊는 것은 오로지 「부친」이다. 「두레 반 라이프」에서도 「부친인 비

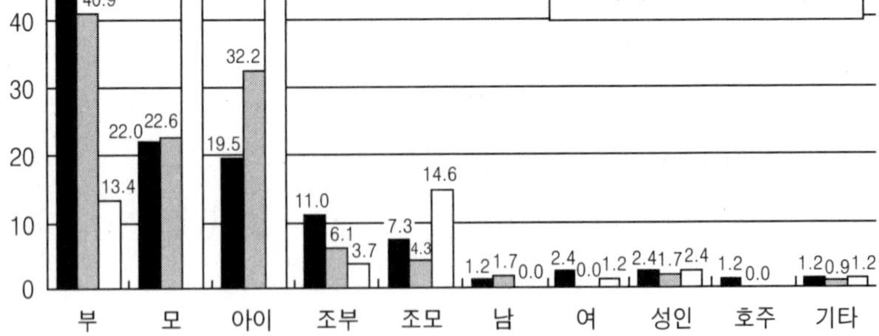

그림 27 화제의 제공자

율이」 아주 높은 것에도 주의해야 한다. 식사 중 잡담에 대한 규제가 완화되었다고는 하여도 의연하게 있는 식탁의 주역은 아버지이다. 무엇보다도 「두레 반 라이프」가 되면서 「아이」가 차지하는 비율이 증대하고 있는 것도 앞에서 말한 「학교」 일이 화제로 크게 상승하는 것과 맥을 같이 하고 있어 주목할 사항이다.

「테이블・라이프」 시대가 되면서 큰 변화가 나타난다. 「아버지」의 존재는 작아지고, 「어머니」의 존재감이 압도한다. 「아이」와 「어머니」가 대화의 중심이 되고, 「아버지」의 영향이 희박해지는 식탁풍경으로 바뀌었다.

재미있는 수치인 것으로 3세대 가족에서 「할머니」(테이블・라이프에서는 14.6%)가 크로즈 업 된 것에 대해서 「할아버지」는 「하코젠 라이프」(11.0%)→「두레반 라이프」(6.1%)→「테이블・라이프」(3.7%)로 존재감이 감소되어 나간다. 집 질서의 규제력이 떨어지고 있는 과도기임을 상징하는 사항일까?

5. 음식의 변화와 상차림

다이닝・테이블의 보급기는 일본인의 음식이 급격하게 변화한 시기에 계속된다. 전통적인 일본 식생활에서 결여된 고기, 유제품, 유지와 서양 채소의 소비가 확대되고, 양식, 중국요리가 가정에서 일상적으로 만들어지고 쌀 소비가 감소하며, 아침에 빵 먹는 것이 보급되는 등 일련의 변화가 진행된 것이다. 주식 중심의 식생활에서부터 풍부한 부식을 즐기는 시대로 된 것이다.

각상, 두레 반의 식사에서는 밥과 국, 쯔께모노 외에는 더 갖다 먹지 않으며, 각자에게 할당된 일정량의 부식으로 식사를 끝내게 된다.

현재는 풍부한 식량사정을 반영해서 부식을 한 사람씩 분배하지 않고 큰 접시나 큰 사발에 담고 좋아하는 것을 직접 젓가락을 대고 덜어가서 먹는 가정이 많아지고 있다. 즉, 중국의 상차림 법에 근접해지고 있는 것이다.

[사례 58] (쇼와 34년) 의자식 테이블로 변한 것에서부터 지금까지 아침식사가 밥으로부터 빵이 되었다고 한다. (福岡縣 久留米市)

[사례 140] 덮밥, 접시를 사용하고, 샐러드, 조림, 튀김 등을 담는다. (山形縣東置賜郡)

[사례 166] 반찬그릇은 모두 공용이다. (栃木縣芳賀郡)

각상차림 원칙이 붕괴되는 것과 더불어 가장에게 '먼저 올린다'라고 하는 담는 분배의 순서도 없어졌다. 그래서 만드는 요리의 종류도 가장이 우선하는 것에서 아이가 좋아하는 요리를 우선하는 것으로 변한 것이다.

다이닝・테이블은 부식 종류와 양이 증가하는 현상에 대응하는 식탁이 되었다. 종래 두레 반의 면적으로는 1인분의 식기를 나란히 놓을 공간이 극히 적다. 테이블 쪽이 개인전용 면적이 크기 때문이다. 물론 소가족화 현상이 1인분의 식탁 공간에 여유가 있는 것도 무시할 수 없다. 4, 5인이 두레 반을 둘러앉을 때 정좌하지 못하는 것은 앉기 나쁘고 게다가 팔꿈치가 닿는 것을 피할 수 없기 때문이다.

뒤돌아보면 두레 반에서의 식사는 식탁이 개인별인 것에서부터 공용인 것으로 변화한 것뿐 기본적으로는 각상의 식사양식을 계승한 것이었다. 유형화 할 때에는 어느 것도 표 4의 C1유형, 즉 [좌식, 젓가락, 개별형, 공간 전개형]의 식사이다.

현재 식사자세와 식사는 테이블을 사용한 [의자식, 젓가락]의 식사가 많지만, 두레 반이나 코타츠에서 [좌식, 젓가락] 식사를 하는 가정도 있다.

평소에는 젓가락을 사용하는 식사이지만 스테이크를 먹는 때 등에는 나이프, 포크를 같이 사용하며, 대다수의 가정이 이들 도구를 보유하고 있다.

상차림 방법에서는 각상 시대와 동일하고, 각자에게 반찬을 담아 나누는 [공간 전개형, 개별형]의 상차림도 행해지고 있지만 큰 접시에 젓가락질을 하여 집는 공통형의 상차림도 잘 이루어진다. 부엌과 식사하는 곳이 가깝게 있으므로 시계열(時系列)의 상차림도 이루어진다.

나이프, 포크 사용이 그다지 일상적이지 않다고 판단하여 제외하고 표 4의 매트릭스로 말한다면 C1, C2, C3, C4, D1, D2, D3, D4의 8유형의 식사양식이 공존한다. 좌식인가 의자식인가를 구별하는 것은 보통 이용하는 식탁의 종류에 의해서 규정되나(사례에서 보는 것처럼 계절이나 아침, 점심, 저녁의 식사에 따라서 좌식과 의자식의 식탁을 사용하는 가정도 있으나), 상차림 방법은 동일한 가정에서도 시차를 두고 먹는 경우가 많은 아침식사에는 개별형, 가족이 함께 하는 저녁식사에는 공통형이라고 하는 풍습으로 식사시간과 내용에 따라서 변하는 것이다.

일본 가정이 C1의 유형으로 식사하던 시대에 비해서 현대의 식사양식이 분명히 다양한 것이라고는 할 수 없다.

규범으로부터 자유로워지면서 다양화가 진행되었다고 할 수 있다. 물론 현대적 규범도 창출된다. 앞에서 설명한 것과 같이 테이블의 식사보급에 있어서 정부가 주도하는 생활개선 사업이나 주택공단의 DK시스템 등에 관여하는 것은 「공(公)」에 의한 현대 국민문화의 연출로 해석하는 것도 가능하다. 그러나 거시적으로 본 현대 가정의 식사행동은 다양한 가치관을 허용하는 방향이고, 다른 말로 표현한다면 무규범적이 되었다.

그것은 「집 제도」를 옹호하는 도덕률과 묶여 있던 메이지 이후의 국민문화가 힘을 상실하고 무규범적인 대중문화 시대로 된 일본사회의 동향과 보조를 같이하는 현상이다.

그 결과 성별, 연령별 질서가 식사의 장에서 앉는 순서, 서비스 순서, 젓가락을 대는 순서로 반영되고, 식사 전에 신불에 의례적인 식사를 받치고 가족 중 부재자의 안녕을 비는 사소한 「집의 공식행사」의 성격이 없어졌다.

옛날 이상주의자들이 두레 반에서도 구하려한 「가족끼리 단란함」의 장으로서 식사가 현대에 와서 실현된 것이다.

주(注)

*1 이들의 모든 논문은 아래 문헌의 제2부「食生活史の調査と分析」장에 수록되어 있다.

石毛直道・井上忠司編 「現代日本における家庭と食卓 — 銘銘膳からチャブ台」p. 55～122, 國立民族學博物館, 1991년

*2 小泉和子「ちゃぶ台の昭和」p. 120～125, 河出書房新社, 2002년

*3 成城大學民俗學硏究所編 「日本の食文化 — 昭和初期・全國食事習俗の記錄」岩崎美術社, 1990년

*4 成城大學民俗學硏究所文獻(*3), p. 15, 36, 189, 345, 532

*5 熊倉功夫「食卓生活史の質的分析(2) — 食事空間と食卓・食器」石毛直道・井上忠司編 「現代日本における家庭と食卓 — 銘銘膳からチャブ台へ」國立民族學博物館, 1991년

*6 다음의「5. 식사 중의 대화」「6. 식사 중의 화제」「7. 식사 중의 화제 제공자」의 각 절에서도 아래 井上의 논문을 인용하고 있다.

井上忠司「식탁생활사의 질적 분석」石毛直道・井上忠司編 「現代日本における家庭と食卓 — 銘銘膳からチャブ台へ」 國立民族學博物館, 1991년

제8장 21세기의 식탁

지금까지 가정에서의 식탁 변화에 대해서 서술하였다. 이 마지막 장에서는 장래의 가정 식탁에 대해서 생각해 보려고 한다. 현대 일본 가정의 식생활 운영은 개식화(個食化) 현상 등 여러 가지의 과제를 안고 있다. 그것은 일본 사회에서만의 문제가 아니고 이 시대 인류 식생활의 장래에 관한 과제이다.

본인은 이들 과제의 해결방법을 제시하는 능력을 갖고 있는 것은 아니다. 본인 나름대로 문제가 있는 곳과 이 문제들의 문명론적인 해석을 서술하려는 것이 이 장이다.

1. 산업사회에서 가사와 가족

다시금 동아시아의 식사로 되돌아와서 생각해 보자. 지금까지 동아시아를 감싸고 있는 보편적인 이데올로기의 하나로 유교가 있다. 남녀, 장유유서를 강조하는 유교적 「예(禮)」의 관념에 근거를 둔 가족의 질서가 이 지역의 역사적인 식사행동에 투영되어 왔다.

제3장에서 서술한 것과 같이 중국의 한족(漢族)에 있어서는 기본적으로 가족 중 남녀가 나누어서 식사를 한다. 한반도에서는 남녀별 외에 세대별의 원칙과 며느리를 따로 취급하는 관념이 식사를 함께

하는 사람들의 범위를 규정하고 있었다.

그에 대하여 두레 반 출현 이전에도 일본의 보통 가정에서 상은 각각의 것이었으나, 동일한 식사공간에서 가족이 함께 식사를 하였다. 일본의 식사양식이 가장 「가족적」이었던 이유의 하나는 유교 이데올로기의 침투가 세계 속에서 가장 희박했었다고 해석되는 것에 있다.

이와 같은 전통적인 식사 양식에 있는 차이와도 관계없이 현재 동아시아의 가정에서 가족과 식탁의 관계는 동질적인 것에서 변화가 계속되고 있다. 가족 모두가 동시에 하나의 식탁을 둘러앉는 식사 형태가 계속 보급되고 있는 것이다.

일본에서는 두레 반을 채용한 가정으로부터 가족이 하나의 식탁에 둘러앉게 되었다. 그러나 지금까지 서술한 것과 같이 두레 반의 식사에서는 아직 「집 제도」에 의해 지배되고 있으며, 다이닝・테이블에서 이루어지는 식사가 보급되는 때부터 가족 간의 평등이 실현된다. 중국에서는 해방 후가 되어서 가족 모두가 같은 식탁에서 식사하게 되었다고 한다.

그것은 표면적으로는 유교적 이데올로기의 속박으로부터 해방되었다고 설명될 수 있다. 그렇지만 그 배후에 잠재하고 있는 사항을 검토할 때 동아시아에 한하지 않고 세계 속에 진행되고 있는 현대사회에서 가족이라는 집단의 변화가 문제로 되고 있다는 것이다.

예를 들면 서아시아나 북아프리카의 이슬람 사회에 있어서는 외래자가 동석하는 식사인 때에는 남녀를 격리하는 원칙이 있다.

본인이 조사한 리비아 사막의 라쿠다 유목민인 메가르하(Megarha)족의 텐트 내 공간은 「남자의 공간」과 「여자의 공간」으로 이분되고 있다. 보통의 식사는 가족 모두가 일제히 「남자의 공간」에서 먹는다. 그러나 손님 등 일정한 범위 내의 친족 이외의 사람이 동석하는 식사 때에는 남녀가 별도의 공간으로 나누어져서 식사를 한다. 손님은 성별에 따라서 「남자의 공간」 또는 「여자의 공간」에 초대되어 들어간다. 그것은 여성을 친족 이외 사람의 시선으로부터 막아 준다고 하는 이슬람교의 생활관습에 근거를 둔 것이고, 메가르하 족에게 한하지 않고 북아프리카, 서아시아의 이슬람 사회에서 공통되는 풍습이다.*1)

그러나 현재의 카이로나 이스탄불 등의 도시에서는 이슬람교도의 가정에서도 처자와 더불어 식탁에 남성 손님을 초대하여 식사하는 것이 행하여지고 있다. 또 이슬람의 원리운동이 강한 지역 이외에서는 이슬람 세계에서도 그때까지 가정 밖에서의 활동이 금지된 여성이 점차로 사회적 활동에 진출하기 시작하였다. 현대의 이슬람 사회에서 남녀 격리 원칙이 붕괴되는 방향으로 되고 있기 때문에 이슬람 원리주의 운동에서는 여성의 종(bell) 작용이 강조되는 것이다.

이들 현상을 유교나 이슬람교라는 특정의 이데올로기로 설명할 수 있는 지역적 현상으로서 다루어진다고 해도 현대의 전 세계에 공통하는 보다 큰 맥이 있으며, 분명한 것으로는 옛날 사람들의 생활을 규정하고 있던 이데올로기가 무력화되고 있는 현상으로 설명하는 것이 옳은 일일 것이다. 그것은 세계가 산업화한 때문도 아니고 가정생활이 변모하여 가족이라고 하는 집단으로 될 때 역할이 변한 것에 의하는 말하자면 인류사적인 흐름 속에서 나오는 것이다.

옛날의 수렵채집사회, 목축사회, 농업사회에 있어서 가정은 소비와 생산의 단위이었다. 토지와 결부되어 있는 자급자족의 생활양식이었고, 가족은 친족집단과 지연집단의 네트 워크 속에 짜인 것이었다. 그것은 사회학에서 「제도가족」이라고 부르는 친족조직이나 사회적 관행으로부터 오는 압력을 의식하는 가족이고, 동아시아의 가부장제 가족과 같이 「뼈대 세움」이라는 중요한 성격이 강한 가족이다.

산업사회로 되면서 가족의 각자가 가업이 아닌 수단으로 역할을 하는 것이 아니고 사회 측의 생산설비인 공장이나 사무실로 통근하게 되는 것이다. 가정은 생산의 장이 아닌 순수한 소비생활의 장으로 변한다. 이와 같은 가정생활의 변화에 따라 가족의 형태도 변화한다. 가업으로서의 생산 활동에 종사하고 있을 때는 노동력으로서의 의미를 지니고 있던 대가족은 근무자 형태의 사회에서는 존재 의미를 잃고 핵가족화가 진행된다.

한편, 산업화된 사회에서는 가정기능의 외재화(外在化)가 진행된다. 산업사회에서는 종래에 가정이 가지고 있던 기능이 사회 측의 시설에서 이루어지게 된다. 생산은 기업에서, 교육은 학교에서, 종래에는 친족조직이 행하였던 생활의 보장은 사회보장으로 이행한다고 하는 상황으로.....

그 예로서 의생활(衣生活)을 들어 보려고 한다.

20세기 전반까지 일본 가정의 의생활에서는 평소 입는 일본 옷은 가정에서 만드는 일이 많았었다. 농촌에서는 손기계로 천을 만들었다. 근대 방적업이 활발해지기 이전의 농민 가정에서는 마(麻)나 목면(木綿)을 재배하고, 실을 뽑고, 염색은 사회 측의 전문 업자가 있는 염색집에 위탁하며, 염색된 실로 손기계를 이용하여 옷감을 짜는 것이다. 의복의 원재료인 옷감의 생산과 그것을 가공해서 만들어 내기까지 혼자서 의복 만들기를 하는 가정도 진기하게도 있다.

현재는 사회 측에서 생산한 의복을 구입하지 가정에서 의복을 만들지 않는다. 옷감을 만들거나 의복을 만드는 것을 행하는 가정이 있다 하더라도 그것은 실리추구를 위한 것이 아니고 취미로서 의복을 만드는 것이다. 가정에서의 의생활은 패션 정보를 검토하여 구입하려는 의복을 선택하면 그것을 보관하고, 경대 앞에서 입고 세탁하는 것을 잘 할 뿐이다. 다림질이 필요한 세탁은 사회 측의 시설인 드라이 클리닝 업소에 맡기는 것이 보통이다.

가사란 무상노동이다. 가사 중에서도 대가를 지불하고 가정에 도입

할 수 있는 물건이 점차 가정으로 들어오게 되어 물건을 생산하거나 가공하는 가사노동이 경감되었다. 산업의 예를 들어보면 제1차 산업이나 제2차 산업에 해당하는 물건의 생산이나 가공에 관한 행위가 외부화(外部化) 되고, 제3차 산업에 해당하는 부분만이 가사로서 남아 있는 경향을 보여주고 있다. 산업으로 말하면 서비스업에 해당하는 부분이 가사의 중심이 되고 있는 것이다.

이와 같은 가정기능의 사회화가 진행된 끝에 사회에서 충분히 대행될 수 없는 기능으로서 핵가족에 남아 있는 것은 부부관계, 친자관계를 축으로 하는 정신적·정서적인 장으로서의 가정이다. 「명분」을 중시하는 가족에게는 없고, 「본심이 통하는」 가족, 그런 가족을 기대하게 되었다.

이와 같은 흐름 속에서 옛날 가정생활의 질서를 지켜온 이데올로기는 무력화 된다. 여성의 사회진출에 따라서 가정 내에서 남녀의 차별이 약해진다. 노동이 가업으로서 행해지고 있던 시대에는 직업교사로서 또 경영자로서의 가장이나 연장자가 가지고 있는 가정에서의 권력도 상실되지 않을 수 없다. 가업의 쇠퇴와 함께 가업에 관련된 고용인이 없어지고, 산업계가 가정에 공급하는 기기에 의해서 가사의 성역화가 일어나고, 가사를 위한 고용인도 없어진다.

이와 같은 일련의 「가정의 민주화」라고 할 수 있는 현상이 세계 속의 산업사회에 일어나고 있는 것이다. 지금까지 산업사회화의 영향을 적게 받은 발전 도상국도 몇 개의 사회를 들여다보고 사회주의 사회, 자본주의 사회와는 별도의 의문 없이 가정의 민주화를 진행하였다. 그 결과 세계 속의 가정에서 핵가족이 동일한 식탁에 둘러앉아 식사하는 방향으로 가게 된 것이다.

2. 사회 측의 부엌과 식탁

가족이 생산단위가 되지 않고 가족들이 가정 밖으로 나가서 사회 측에서 일하게 되어 가정의 일은 가사노동만이 남게 된다. 산업사회에서 가사는 오로지 가정에 남아 있는 주부의 손에 맡겨지게 된다. 즉 「전업주부」가 출현하는 것이다.

산업사회에서 거대화된 기업은 전문적인 직능을 습득하여 장시간의 집약적 노동에 종사하는 인재를 필요로 한다. 그래서 아버지는 사회 측에 있는 생산이나 업무의 장으로 통근하고, 처는 가정 내의 일과 육아에 전념하는 역할 분담이 성립한다.

일본에서 전업주부 인구가 증대하는 것은 고도 경제성장의 시대로 되었기 때문이다. 그때까지 농가나 어가의 주부는 가업의 노동에 종사하면서 가사와 육아를 맡아 하고 있었다.

전업주부가 인구에 차지하는 비율이 증가되는 것은 역사 속의 한 시기에 지나지 않는다. 미국에서는 1955년에 전업주부 율이 77% 이었으나, 1999년에는 22%로 저하되었다. 시간이 흐른 뒤 같은 현상이 일본에서도 진행되고 있다. 고도 경제성장기에는 전업주부가 증가하고, 가장 많은 세대로서는 결혼 후 가정에 들어간 여성의 율이 가장 높은 세대는 25~29세 사이의 전업주부가 6할 가까이 차지하였다. 그런데 1970년대 후반이 되어서 맞벌이 부부가 증가한 것이다.[*2)]

여성의 고학력화가 진행하고 여성의 사회진출로 인해 주부가 가정에서 식사를 만드는 시간이 없어져 조리된 식품을 이용하거나 외식에 의존도가 증대하여 가족의 식생활이 「외부화」하였다고 말하는 경우가 많다. 그러나 전업주부가 있는 가정에서도 식생활은 「외부화(外部化)」 되어 가고 있는 것이다.

식생활에 한하지 않는 「가사의 외부화」가 진행되는 것은 여성의 사회진출 결과라고 하기 보다는 가사에 관한 시장이 개척되고, 성숙한 산업화 사회의 세계적인 동향의 맥으로부터 취해진 사항이라고 할 수 있다.

제3차 산업이 발달하고 대중의 소비시대로 돌입한 고도 산업사회, 또는 포스트 산업사회라고 할 수 있는 단계가 되면 가사조차도 사회 측에 맡겨야 하게 된다. 식생활에 관한 가사를 사회 측에서 할 수 있는 것이 식품산업과 외식산업이다. 식품산업은 「사회 측의 부엌」이고, 외식산업은 「사회 측의 식탁」이다.

식생활의 운영이 가정 속에서 거의 완결되던 시대는 끝나버렸다. 사회 측의 부엌이 제조한 식품이 가정에 침투되고, 또 가정 밖의 사회 측 식탁에서 식사를 하는 일이 많아져 요리 만드는 것과 식사의 장으로서 가정의 기능이 상대적으로 약해지고 있다.

그림 28은 총무청의 「가계조사」에 의한 식료비에서 차지하는 「외식」과 「조리식품」의 지출 비율을 보여주는 그래프이다. 여기에서 말하는 「조리식품」이라는 것은 가계 조사상의 분류이고, 기성 반찬이나 도시락 외 냉동식품, 조리가 끝난 식품도 포함된다.*3)

전후 부흥기인 1951(쇼와 26)년에 가정의 식료비 지출에서 차지하는 조리식품 구입비는 1.4%, 외식비는 2.6%에 지나지 않는다. 대체로 말하면 1960년대 전반까지는 식생활 운영의 대부분은 가정 내에서 완결되었다고 말할 수 있다. 식생활의 「외부화」가 진행된 것은 70년대가 되면서부터이고, 「외부화」가 정착된 후 완만한 증가를 보여주게 된다.

그 사이 식품산업에서는 인스턴트 식품, 레토르트 식품, 냉동식품의 개발, 보급이 이루어졌고, 외식산업으로는 패스트푸드나 패밀리 레스토랑 체인의 전개, 「중식(점심)」의 산업화 등이 발생되었다.

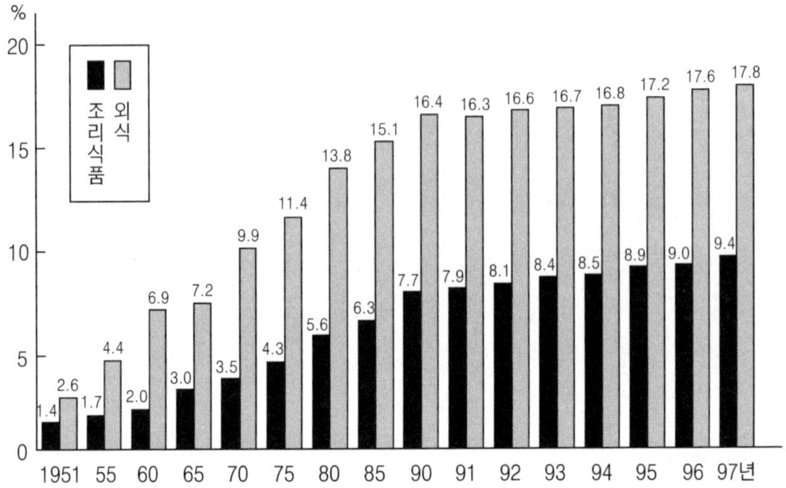

그림 28 식료비에서 차지하는 「외식」과 「조리식품」의 비율

업계 용어로 「점심」은 「중식」이라고 한다. 가정에서 조리를 하고 가정의 식탁에서 먹는 식사를 가정 「내식(内食)」, 가정 외의 시설인 식당이나 레스토랑에서 조리된 것을 테이블 서비스 받고, 대금을 지불하고 먹는 것이 「외식(外食)」이다. 어느 것도 사용하지 않는 것이 「중식(中食)」이다.

도시락이나 샌드위치 등을 사서 가정이나 직장에 가지고 돌아와서 먹는 테이크 아웃 방식을 「중식」이라고 한다. 테이블 서비스를 받지 않고 식사를 구입하는 것이다. 조리는 가정 외에서 하는 것이지만 먹는 것은 가정 내에서 하고, 「외식」과 「내식」의 중간 형태에 대한 이름이다.

역(驛) 도시락이나 행락 도시락과 같이 비일상적인 식사를 구입하는 것은 이전부터 있었고, 일본에서는 에도시대부터 「테이크 아웃(出前)」이라고 하는 「중식」 형태가 발달하였다.*4)

그러나 1980년대에 발달한 「중식산업」은 일상적인 식사를 공급하고, 공장에서 대량으로 생산해서 편의점이나 체인점에서 판매하는 「산업」이라고 하는 이름에 어울리는 성격을 가지고 있다.

식품산업과 외식산업의 중간을 차지하는 「중식산업」이 가정에서 부엌의 존재 의식을 위협할 때까지 발전할 것인지 어떨지를 주목할 필요가 있다.

그림 28의 그래프로 되돌아가서 그 이후의 경향을 알기 위하여 2003(헤이세이 15)년의 수치를 들어보고자 한다. 가정에서 1개월간 소비지출의 평균이 302,623엔, 그 중 식료 지출이 70,260엔으로 가계에 차지하는 식료비의 비율인 엥겔계수는 23.2%이다.

덧붙여서 말하면, 전후 식량난의 시기를 벗어날 뿐이었던 1951(쇼와 26)년의 엥겔계수는 51.7%이고, 1955(쇼와 30)년에는 44.5%, 1965(쇼와 40)년 36.3%, 1979(쇼와 54)년 28.1%로 해가 감에 따라 엥겔계수가 저하하고, 일본인의 생활수준이 향상하는 일로를 걷고 있다.

2003년의 조리식품의 지출은 8,121엔이고, 외식비는 11,743엔으로 식료비에 차지하는 조리식품의 비율이 11.5%, 외식비는 16.7%이다. 이 해의 외식산업의 시장규모는 전년도보다 1.7% 감소하여 25조 269억 엔인 것으로 추정하고 있다. 이 원고 집필 시점에서는 같은 해 식품산업 관계의 통계가 공표되지 않아서 전년도의 숫자를 인용하면 음료, 담배, 사료제조업을 제외한 식료품 제조업의 제조품 출하액은 22조 9,840억 엔이다. 2003년도의 국가예산 81조 8,000억 엔에 비하면 식생활의 「외부화」가 얼마나 거대한 시장을 형성하고 있는가를 알 수 있다.

최근 수년간 식생활의 「외부화」는 보합상태에 있다. 그것을 「외부화」가 포화점에 가까워졌다고 해석하지만 일시적인 정체현상일 뿐

계속 「외부화」가 진행한다는 생각으로 일본 가정의 식생활 장래에 대하여 조망해 볼 수 있을 것이다.

선진제국에서 거대 산업화한 사회 측의 식생활에 이의를 두는 것이 슬로우 푸드 운동이다. 슬로우 푸드란 햄버거 등의 산업화된 식사인 패스트푸드에 상대적인 이름이다. 이태리에서 시작한 슬로우 푸드 운동은 단지 식사를 급하게 먹는다는 패스트푸드에 반대하는 것만은 아니다.

그것은 ① 소멸된 전통적 식품재료나 요리, 질이 좋은 식품, 와인을 지킨다. ② 질이 좋은 재료를 제공하는 영세업자를 지킨다. ③ 이러한 것들을 포함하여 소비자에게 식생활을 교육하는 것을 슬로건으로 걸고, 식생활을 통해서 환경을 지키고, 대량 생산에 의한 획일적인 맛에 대항하고, 세계 각지의 환경·문화에 속하는 다양한 식생활을 지키고 발전시키려고 하는 운동이다.

패스트푸드로 대표하는 세계를 획일화하려는 경향이 강한 현대 문명에 대한 풍토에 몸을 도사리는 개성적, 전통적인 식생활 문화의 가치관을 주장하는 것이다.

모두를 좋게 하려고만 하는 생각이지만 문제가 없는 것만은 아니다. 슬로우 푸드 이념을 철저하게 실천하려고 하면 산업화된 사회를 부정하고 과거의 생활양식으로 되돌아가야 한다는 것이 된다. 만약 세계 속의 사람들이 슬로우한 인생을 즐기게 되면 세계의 생산력은 격감하고, 지구의 인구는 도태하지 않으면 안 되는 사태로 된다. 산업화의 태동기에 해당하는 1800년경의 세계 인구는 약 10억 정도이었다고 추정된다. 인구 60억 이상이 되는 현재의 세계 인구는 근·현대문명이 형성한 산업화 사회가 만들어 낸 결과이다.

문화란 풍토와 역사에는 몸을 가다듬고 개별적인 가치관의 체계를 준비할 때 문명은 개별적인 문화의 차이를 극복하여 보편적으로 확대하는 일의 형상에 있다고 자리매김을 할 수 있다. 옛날의 문명은 이슬람 문명과 중국 문명에서처럼 문화와 같아지려고 혼자만의 개성을 만들고, 일정한 지역적 분포를 가지는 것이었다. 이 개별적인 문명을 극복하여 확대된 「세계 문명」이 선명해진 것은 20세기 후반이다. 즉 글로벌화(globalization)이다.

민족문제나 종교적 원리주의의 상징이 되도록 세계 문명에 대한 문화나 개별적 문명 측에서 자기 주장을 활발하게 하게 된 것은 세기말이다. 21세기 전반에 세계는 문명과 문화의 마찰 시대가 되었다. 거시적으로는 슬로우 푸드의 운동도 이와 같은 맥에 자리 매김을 하게 된다.

인류가 세운 문명을 부정할 필요는 없다. 반문명론에 젖어 들지 않고 다양한 문화를 공존시키기 위하여 문명과 문화의 조화를 도모하는 것이 이들 세계의 과제이다.

같은 사실을 식생활의 「외부화」에 대해서도 말할 수 있을 것이다. 어떻게 「가정 측의 부엌과 식탁」과 「사회 측의 부엌과 식탁」이 서로 타협하여 조화되어 갈 것인가 하는 것이 21세기에 있어서 인류의 식생활 과제가 되는 것이다.

3. 가정에서 식탁은 필요한가?

사람들이 가정 밖의 직장에서 노동함에 따라 산업사회에서는 필연적으로 가족의 공식 기회는 감소한다. 그리고 산업은 도시를 거점으로 하는 것이므로 산업화한 사회의 도시에는 외식시설이 발달한다.

19세기 영국의 도시에서 공장노동자 계급에 따라서 가족의 공식 기회는 적어졌다고 할 수 있다. 장시간의 노동이 보통이었으므로 아침 식사시간 전에 집을 떠나 출근 도중에 팝이나 커피 스탠드에서 음료를 마시고, 직장에서 아침·점심·오후에 경양식을 먹는다고 한다. 장시간 육체노동의 영양보급을 위해 빵, 치즈·베이컨·고기가 들어간 파이, 사과 등의 찬 음식으로 구성된 도시락과 홍차를 넣은 브리키 캔, 또는 홍차용 차 잎을 휴대하고 출근하는 것이었다. 직원식당이 돈을 벌게 된 것은 19세기 말경으로 그것도 대기업에 한하고 있다.

이와 같은 노동자 계급의 식사 패턴에서는 가족이 모여서 식사를 하는 것이 불가능하다. 아버지는 아이들이 일어나기 전에 근무하러 나가고, 귀가 후 저녁식사 때에는 어린 아이는 모두 자러 갔기 때문이다. 그 때문에 일요일 저녁 식사가 유일하게 가족이 모이는 식사가 된다. 그때는 가난한 가족에서는 일주일에 한 번 로스트 미트에 채소와 푸딩을 준비하여 공식을 즐기는 날이다.*5)

고도로 경제가 성장된 시대의 일본에서도 아버지는 잔업으로 귀가 시간이 늦어 저녁식사에 아버지가 없는 가정도 많아졌다. 일본 경제의 저성장 시기에는 노동시간이 단축되어 저녁식사에 아버지가 참여할 수 있는 조건으로 되었다. 그래도 가족의 공식 기회는 감소하는 경향이 계속되고 있다.

옛날에는 직장으로 출근하는 아버지나 가족 중에서 일하는 사람은 빠져도 그 외의 가족은 모여서 식사를 했다. 현재는 가정 내에서 먹을 때에도 가족 각자가 저마다 따로 흩어져 식사를 하는 일이 많아졌다고 할 수 있다. 즉 「개식화(個食化)」가 진행하고 있는 것이다.

아침식사는 가정에서 먹는 사람이 대부분이지만 직장 출근시간, 유치원이나 학교 등교시간에 맞추어서 가족 각각이 다른 시간에 먹는 일이 많다. 점심을 가정에서 먹는 것은 통근, 통학자를 뺀 주부와 어린아이, 고령자만이며, 가족의 공식 기회는 휴일밖에 없다. 저녁식사

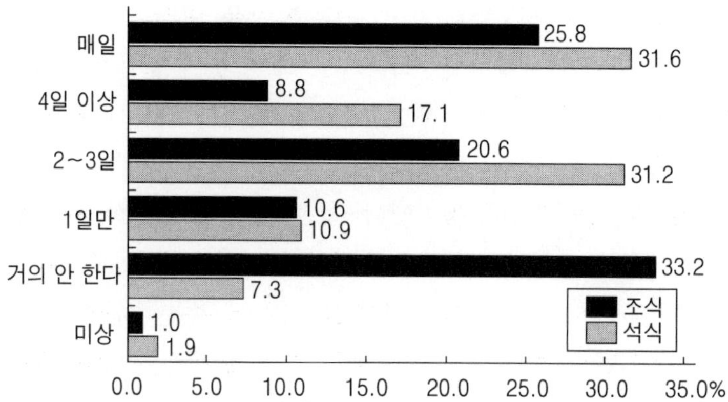

그림 29 가족이 모여서 함께 식사(아침 및 저녁)를 하는 빈도 (일주일 동안)

도 과외 하러 가는 아이들은 편의점의 도시락으로 끝내는 일도 있고, 아르바이트에서 얻은 자유롭게 쓸 수 있는 용돈을 갖는 젊은 사람들은 친구들과 외식을 하는 것을 좋아한다고 하는 형편이다.

2001(헤이세이 13)년 11월에 후생노동성이 행한 「아동환경 조사」에서 일주간 중 아침식사, 저녁식사를 가족이 함께 먹는 회수를 질문한 결과가 그림 29에 있다.*6)

아침식사를 「매일」 한다고 회답한 가정은 약 25.8%에 지나지 않고, 「거의 안 한다」가 33.2%로 상승한다. 저녁식사를 「매일」 모여서 먹는 가정은 31.6%, 일주일에 「2~3회」 가족이 함께 먹는다고 하는 회답이 31.2%, 「거의 안 한다」가 7.3%이다.

매일 가족이 일제히 아침, 저녁식사를 하는 가정은 지금이야말로 소수파이다. 저녁식사가 겨우 가족의 얼굴을 보는 기회를 제공하고 있다고 하는 것이 현재 일본의 가족 풍경이다.

식사의 내용도 개별화하고 있다. 젊은 세대는 아침식사에 빵을 먹는 사람이 많고, 전날 밤에 지어 놓은 쌀밥을 먹는 것은 고령자에게 많으며, 주부는 어느 것도 잘 먹는다고 하는 것이 일반적인 경향이다. 같은 가정에서 먹는 아침식사도 사람에 따라서 식사 내용이 다르다는 것이다.*7)

가족이 동일한 식탁에 둘러앉아 식사하는 때에도 식사 내용이 개별화하고 있다. 여러 가지 요리와 케첩이나 마요네즈, 소스나 드레싱류를 식탁에 늘어놓고 개인별 접시를 나누어 주는 「뷔페식 식탁」이라는 것이 일반화되고 있다. 좋아하는 것을 좋아하는 맛을 내어서 적당한 분량을 먹는다고 하는 스타일이다.*8)

두레 반 시대의 주부는 남편이 좋아하는 것을 염두에 두고 요리하였다. 현대의 주부는 아이들을 생각해서 요리 만들기를 한다고 한다. 앞에서 설명한 식사 중 대화에 있어서 아버지의 영향이 희박해진 식탁풍경과도 일맥상통하는 것이다. 그것은 「집 제도」를 배경으로 한 「명분」의 가족상이 「본심이 통하는 것」을 중시하는 가족으로 이행한 결과에도 있다. 그것에 의해서 가족 내 아이들의 자유도가 증가하고, 식생활에 있어서도 성인과 평등하게 한 사람마다의 인품을 존중하게 된 것이다.

옛날 堺利彦 등이 주장한 「가정의 민주주의」의 식탁은 현대에 와서 실현되었다고 말할 수 있다. 그러나 그것은 피상적인 것으로 거기에 개식화의 진행이 많이 드리워지고 있다. 평등하게 된 가족의 「가족회」에 적당한 식탁에 가족 전원이 모이는 일이 적기 때문이다.

포스트 산업사회라고 말하는 단계에 돌입하기 시작한 선진제국의 풍부한 사회에서는 개식(個食)의 식사형태가 진행하고 있는 것으로 생각된다. 가족 각자가 가족 밖에서 지나는 시간이 많아지게 됨에 따라 각자의 경우에 맞는 시간에 식사를 하게 되고, 식품산업이나 외식산업의 발달로 「같은 솥 밥」을 먹지 않아도 생활할 수 있게 되었다.

기본적인 공식집단으로서의 핵가족의 의의조차 묻히기 시작한다는 것이다.

인류사의 흐름 속에서 가족의 성립을 볼 때 그것은 지속적인 성관계와 태어나는 아이를 포함한 사람들의 사이에서 식생활을 서로 나누어 가지는 것을 기축으로 하여 가족이라고 하는 집단이 발생한다고 생각된다. 그 경위를 생각할 때 장래의 사회에 있어서 가정의 부엌과 식탁이 소멸하면 그것은 가족이라고 하는 집단의 소멸을 의미하는 것이다.

정말 사회의 식생활이 가정의 식생활을 대신할 수 있을까? 그 해답은 개식화 현상이 벽에 부딪히지 않고 점차로 진행할 것이 예상되거나, 개식도 아직 가족을 기본으로 하는 식사형태의 변화로서 자리를 차지하는 것으로 받아들일 것인가로 알 수 있을 것이다.

1958년에 시작한 중국의 「대약진」 시기, 가정에서 식사를 만드는 것은 부루죠아 적인 것이 되어 농촌 인민공사의 「공공식당」에서 공동 취사를 해서 먹도록 장려되었다. 그러나 결국은 식당에서 먹지 않고 마을 사람들은 시간이 되면 식당에서 음식을 가지고 돌아와서 가족들과 식사를 함으로써 공공식당 제도는 중지되었다고 한다. 인민공사라고 하는 사회 측의 식생활이 가정의 식생활을 대신하려고 한 시도이었으나 이 장대한 실험은 실패로 끝났다는 것이다.＊9)

신뢰하는 사람의 가족이 모여서 공동체를 만들고, 가족 단위를 넘어서 공동으로 식사를 하는 종교단체가 있다. 이와 같은 예에서 보아도 가족의 식생활을 폐지하려는 시도는 모조리 실패하고 있다. 현 단계로서는 사회가 가족을 대신한다는 것이 불가능하다는 것이다.

앞에서 설명한 것과 같이 물건이나 금전으로 바꿀 수 없는 행위가 가족의 결속을 받쳐 주는 시대로 되어 가고 있다. 외부화하는 가사 속에서 사회 측의 서비스에 전면적으로 맡길 수 없는 가정만의 역할로 최후까지 남는 것이 식사와 육아이다. 어떤 것도 가족의 애정에 포함되어 관련되는 사항이다.

기능적 집단으로서의 가족의 존재 의의가 약화되고 있는 현대에 있어서 매일 사회 측에서 다른 인생을 보내고 있는 가족 각자가 가정 속에서 각자의 존재를 확인하는 장이 식탁이다. 음식을 분배함으로써 성립되는 가족 공식집단이지만, 지금이야말로 공식에 의해서 가족이라고 하는 집단이 그나마도 유지될 수 있는 것이다.

개식화가 철저하고, 가족이 둘러앉은 식탁이 없는 가정이 실현될 때는 가족이라고 하는 제도가 붕괴한 때일 것이다.

주(注)

*1 石毛直道「砂漠とオアシスの住居」「住居空間の人類學」鹿島出版會, 1971년

*2 村上紀子「家庭料理」石毛直道監修, 井上忠司編「食の情報化」(講座 食の文化 제5권) 재단법인 味の素 食の文化센터, 1999년

*3 村上 論文(*2), p. 145

*4 石毛直道「外食の文化史序說」田村眞八郎・石毛直道編「外食の文化」ドメス出版, 1993년

*5 John Burnett, "Time, place and content ; the changing struc-ture of meals in Britain in the nineteenth and twentieth centuries", Martin R. Schaerer and Alexander Fenton(eds.), food and Material Culture : Proceeding of the Fourth Inter-national Commission for Research into European Food History, p. 190～200, Tuckwell Press, 1998

*6 厚生勞働省雇用均等・兒童家庭局「平成13年度 兒童環境調査結果の概要」厚生勞働省, 2003년

*7 아침식사 내용의 이러한 경향은 1972년에 행하여진 아래 문헌에 기록된 조사 시점에서 모두 나타나고 있다.

石毛直道「食事パターンの考現學」日本生活學會編「生活學」제1책, トメス出版, 1975년

*8 岩村暢子「变わる家族 变わる食卓」p. 118～123, 勁草書房, 2003년

*9 賈蕙萱・石毛直道「食をもって天となす 現代中國の食」p. 54～55, 平凡社, 2000년

번역을 마치고

정년이라고 하는, 내 의지로는 거역할 수 없는 시점이 가까이 다가오고 있음을 느끼면서 대학에서 35년을 봉직해 온 교수로서의 생활을 무엇으로 마감할 것인가에 대하여 생각하게 되었다. 그 동안 내 전공인 식품화학과 조리과학을 학부와 대학원에서 강의하면서 그 분야의 교재나 연구 논문 등을 다수 집필하였다. 20년 전부터 윤서석 교수님을 중심으로 9명의 교수들로 한·중·일 식생활문화 연구회가 결성되었으며, 식생활문화 분야에 지식이 희박한 본인도 그 연구회에 가담하여 매달 주어진 논제 또는 원서를 읽고 토론하면서 그 분야에 대한 연구를 계속해 왔다. 그러면서 한편으로 한국 식생활문화학회 창시부터 학회활동에 참여하고, 후에는 회장으로서 학회활동을 주관하기도 하였다. 그러는 동안 이 분야에 대한 관심과 지식도 약간 쌓여 갔으며, 이 분야의 연구를 위하여 현재 우리가 고민하고 있는 부분은 연구방법과 데이터 해석 그리고 식생활 문화적인 측면에서의 결과 적용이라는 것임을 확인하게 되었다. 그래서 본인은 정년을 기념할 수 있는 책으로 전공인 식품화학과 조리과학 이외에 식생활 문화 연구에 보탬이 되는 책을 남기려고 마음먹었다.

2006년 초 여름 오사카에서 이시게 나오미찌(石毛直道) 선생님을 만나 뵙게 되었고, 그 자리에서 이시게 선생님의 저서 중에서 식생활문화의 연구 방법과 결과 해석에 좋은 참고가 될 수 있는 것을 번역하여 본인의 정년 기념 책으로 남기고 싶다는 의중을 말씀드린 바 그 자리에서 이 「食卓文明論」을 주셔서 받게 되었다. 이시게 선생님은 20여 년 전부터 윤서석 교수님을 통해서 알게 되었으며, 우리 식생활

문화학회 회원을 비롯하여 우리 식생활 전공 분야 선생님들께서는 이미 친숙하게 알고 계신 분이라 재삼 소개하지 않아도 될 것으로 안다. 간단히 말씀드리면 이시게 선생님은 원래 인류학을 전공하신 분으로 일본 국립민족박물관의 교수와 관장을 지내시고 인류의 문화사적 연구에 많은 업적을 남겼으며, 특히 식생활 문화에 대하여도 다방면에서 연구하고 많은 자료를 남기신 세계 석학 중의 한 분이라고 할 수 있다. 많은 저서 가운데 2005년에 집필하신 이 책을 번역하면서 내용이 충실하고 인류 문화학적으로 구체적인 연구 방법과 해석으로 명쾌하게 방향을 제시하고 있는 것을 접하면서 이제 와서야 조금 깨우치게 된 것을 후회하면서도 다행으로 생각하였다.

본 책을 번역하면서 일본의 도시, 시대, 사람, 음식, 상 등의 명칭을 우리말로 표기하는 데 있어서 우리에게 일본 명칭으로 이미 친숙한 것은 일본어로 표기하였으며, 그 외의 것, 특히 사람과 책의 명칭은 한자로 표기하였다. 책의 내용에서 보면 제1장은 공식(共食)하는

1995년 일본 국립민족박물관에서
(왼쪽에서부터 윤서석 교수, 아사쿠라 교수, 역자, 이시게 관장)

인류의 가족 형성의 기원에 대한 것으로, 현재 지구상에서 최고(最古)의 가족 형태를 유지하고 있는 핫자 족과 다토-가 족의 실생활 양상을 실태 조사하여 소개하고 있다. 여기에서는 필드 워크를 하는 현장을 생생하게 볼 수 있어 흥미롭다. 제2장과 3장에서는 일본의 식사 양식을 논하기 전에 세계의 식사 양식의 유형에 대하여 쓰고 있으며, 4장에서 8장까지는 일본에서의 식탁의 변천 과정과 이에 관련된 식생활 문화와 가족구성의 시대적인 특징에 대하여 자세히 쓰고 있다. 식탁은 일본에만 있는 것이 아니고 우리의 생활에서도 없으면 안 되는 것인데, 우리들은 이것이 너무나 일상적이고 당연한 것이기에 별 특별한 생각 없이 사용해 오고 있는 형편이다. 그러나 이 책에서는 이러한 식탁을 주제로 하여 시대적인 변천에 따른 식생활 양식의 변천을 논하는 것은 물론 사회적, 정치적인 배경의 역사와 변화가 다 함께 논해지고 있는 것을 볼 수 있다. 따라서 식생활의 문화적인 연구방법과 결과 해석이 어떻게 이루어지는가 하는 것을 구체적으로 알 수 있으며, 과거에서 현재의 식생활 문화의 특징을 논리적으로 서술하고 있기 때문에 앞으로 이러한 방향으로 연구하려는 후학들에게 좋은 자료가 될 것으로 생각하여 적극적으로 읽을 것을 권하고 싶다. 비단 식생활을 전공하는 사람들뿐만 아니라 인류학, 가족학, 사회학 등의 분야에서도 많은 참고가 될 것으로 생각한다.

문화를 논함에 있어서 전통을 무시할 수가 없으며, 전통이란 그 시대의 문화 내용을 나타내는 것이므로 변화가 따를 수밖에 없다고 한다면 일본은 비교적 변함이 없는 전통문화를 고수하는 경향이 큰 반면 우리나라는 시대적인 변화를 잘 포용하면서 과거의 전통적인 것이 사라지고 있는 것에 상당히 무감각한 경향이라고 생각한다. 한편 일본은 외국의 문화를 받아들여 자기의 것으로 빨리 정착시키는 반면 우리나라는 그 속도가 상당히 느린 편이라고 할 수 있다. 이처럼 문화의 다양성 때문에 문화사적인 연구란 상당히 복잡하여 어떻게 연구해야 하는가 하고 고민을 하게 되는데, 이 책을 보면서 그에 대한 연구 방법의 틀을 짤 수 있는 능력을 얻을 것으로 생각된다. 독자 모두가 그렇게 생각해 준다면 그것이 바로 이 책을 번역한 보람이라고 할 수 있다.

욕심이 앞서 번역을 해 보았으나 일본의 생활을 기반으로 한 표현을 우리말로 매끄럽게 번역한다는 것이 어려워 부족한 점이 많으니 독자들께서 널리 양해해 주시길 바란다. 끝으로 이 책을 번역할 수 있도록 물심양면으로 도움을 준 우리 성신여대 식품화학실의 박사들 모임인 성신FOCHEM 회원 여러분과 표지를 디자인해 준 사위 최정택 교수에게 감사드리며, 마지막으로 이 책을 출간해 주신 유한문화사 여러분께도 심심한 감사를 드리는 바이다.

2008년 7월

역자 안명수 씀

저자 소개

石毛直道(이시게 나오미찌)

- 1937년, 千葉縣에서 태어나다.
- 1963년, 교토대학 문학부 사학과 졸업. 교토대학 인문과학연구소 조수, 甲南대학 문학부 조교수, 국립민족학박물관 교수를 거쳐서, 1997～2004년, 동관장.
- 현재: 국립민족학박물관 명예교수. 농학박사
- 저서: 「住居空間の人類學」(鹿島出版會), 「食事の文明論」(中公新書), 「文化麵類學ことはじめ」(フ-ディアム・コミュニケション), 「鐵の胃袋中國漫遊」(平凡社), 「食前・食後」(平凡社), 「食 べるお仕事」(新潮社), 「論集 酒と飮酒の文化」(編著, 平凡社), 「魚醬とナレズシの研究 - モンス-ン・アジアの食事文化」(共著, 岩波書店), 「サムライイニッポン - 文と武の東洋史」(中央公論社) 등 다수.

역자 소개

안명수

- 중앙대학교 사범대학 가정교육과 이학사
- 중앙대학교 화학과 이학석사
- 고려대학교 식품공학과 농학박사
- 현재 : 성신여자대학교 식품영양학과 교수
- 저서 : 「새로운 식품화학」, 「식품과 조리원리」, 「한국음식의 조리과학성」, 「제민요술 - 식품조리가공편 연구」(번역서), 「중국식물사」(번역서), 「일본식생학사」(번역서), 「문화면류학의 첫걸음」(번역서), 「벼, 잡곡, 참깨 전파의 길」(번역서) 등 다수.

식탁문명론

2008년 8월 10일 초판 인쇄
2008년 8월 20일 초판 발행

저 자 : 石毛直道
역 자 : 안명수
펴낸이 : 천승배
펴낸곳 : 도서출판 유한문화사

주소 : (157-801) 서울시 강서구 가양동 146-63
전화 : 2668-2055~6
팩스 : 2668-2565
http://www.yuhansa.com
E-mail : yuhansa@paran.com
등록 : 제 5-31호. 1979. 3. 6.

값 12,000 원

ISBN : 978-89-7722-559-6 03590